OBSERVATIONS

SUR PLUSIEURS

PLANTES NOUVELLES

RARES OU CRITIQUES

DE LA FRANCE,

PAR

ALEXIS JORDAN.

(Lues à la Société Linnéenne de Lyon, le 8 février 1847.)

CINQUIÈME FRAGMENT.

FÉVRIER 1847.

PARIS-

J.-B. BAILLIÈRE, LIBRAIRE,

Rue de l'École-de-Médecine, 17.

1847.

OBSERVATIONS

SUR

PLUSIEURS PLANTES NOUVELLES,

RARES OU CRITIQUES DE LA FRANCE.

GENRE THALICTRUM.

Ayant à faire connaitre un certain nombre d'espèces françaises de *Thalictrum*, j'ai pensé qu'il était à propos d'en signaler d'abord quelques-unes, afin d'appeler l'attention des botanistes sur ce genre difficile, et de profiter ainsi des observations ou communications qui pourraient m'être faites. Je donnerai simplement une description détaillée et comparative de ces espèces, me réservant d'en compléter l'histoire et de traiter les questions importantes de méthode et de synonymie qui s'y rattachent, lorsque j'aurai pu recueillir des données complètes sur d'autres formes intéressantes que je n'ai pas encore suffisamment observées. Comme il est indispensable que les espèces de ce genre, dont l'affinité est si marquée, soient étudiées vivantes, et qu'il n'est souvent possible de les déterminer à l'état sec qu'en s'aidant de notes recueillies à l'état frais, je n'indiquerai, surtout pour ce qui regarde la direction des fleurs, la forme et les dimensions de leurs parties, que les caractères que j'ai pu observer sur des individus vivants. Les figures et analyses que je donnerai dans un prochain Mémoire seront également faites d'après la nature vivante. Je tiendrai, en outre, à la disposition des bota-

1

nistes qui correspondent avec moi, des exemplaires desséchés e
très-complets de toutes les espèces figurées. De cette manière
mes observations pouvant être facilement vérifiées ou rectifiée.
par d'autres, l'étude de ce genre, jugée par plusieurs homme:
éminents comme presque inabordable, devra faire quelques pro-
grès. Mais, il ne faut pas se le dissimuler, la difficulté inhérente
à cette étude subsistera toujours, quelle que soit la méthode sui-
vie; et les partisans des espèces tranchées, ceux qui ne veulen
admettre que les espèces qu'ils peuvent distinguer facilement a▸
premier coup d'œil, sur de simples fragments desséchés, san:
peine et sans efforts d'attention, devront se résigner à la subir;
car il leur sera démontré que ces quelques types, sous lesquel:
ils croient pouvoir comprendre une série de formes très-variées,
sont des types purement imaginaires, qui expriment sans doute
un certain point de vue ou indiquent un rapport commun plus
ou moins réel, mais qui ne correspondent à aucun être déter-
miné. Ils auront pour ressource, à la vérité, de rejeter toutes les
espèces et de n'admettre qu'un seul *Thalictrum polymorphum*
ou *variabile,* en créant quelque théorie plus ou moins spécieuse,
afin de cacher leur découragement ou leur dédain injustifiable
pour les faits d'observation, qui seront toujours, à mon avis, le
premier sinon l'unique fondement de toute connaissance vraiment
scientifique.

THALICTRUM PRÆCOX (N.).

Panicule assez étroite, ovale-oblongue, subpyramidale; rameaux
alternes ou verticillés et très-inégaux, dressés - étalés, grêles,
flexueux, souvent contournés, peu ou point anguleux. Fleurs
assez nombreuses, distantes, solitaires ou disposées par verticilles
le long des rameaux. Pédicelles courts, dressés-étalés, courbés au
sommet, au moment de l'anthèse. Etamines penchées selon la
direction du pédicelle; anthères environ six fois aussi longues que

larges, terminées par un mucron aigu assez fin. Carpelles ovales-arrondis, de forme régulière, assez renflés, peu ou point rétrécis aux deux extrémités, terminés par un bec droit, relevés de 8-12 côtes peu épaisses, longs de 2 3/4 mill. sur 1 3/4 mill. de large. Feuilles dressées-étalées, ovales ou ovales-oblongues dans leur pourtour ; segments petits, d'un beau vert clair, plus pâles en dessous, assez minces, très-brièvement pétiolulés ou sessiles, obovales ou elliptiques, souvent arrondis mais point en cœur à la base, plus ou moins élargis au sommet, à 3-7 lobes inégaux et un peu aigus. Stipules adnées intermédiaires à oreilles arrondies, un peu étalées vers leur sommet, dressées et appliquées contre la tige qu'elles embrassent presque entièrement et dépassent souvent en largeur, dentelées ou déchirées sur les bords. Stipelles courtes, tronquées, incisées, ou le plus souvent nulles. Tige assez grêle, dressée, légèrement flexueuse aux articulations, dure, peu ou point fistuleuse, finement striée, peu anguleuse, glabre, verte ou rougeâtre, munies à la base de gaînes aphylles ou écailles. Souche épaisse, horizontale, émettant des bourgeons un peu ascendants et des fibres en faisceau très-nombreuses. Plante de 3 à 6 déc.

Il croit dans les bois des montagnes aux environs de Briançon, d'Embrun et de Gap (Hautes-Alpes), où je l'ai récolté. Je l'ai recueilli également dans les broussailles, au bois de la Tête-d'Or près Lyon. Il fleurit dans mon jardin avant tous les autres, vers le commencement de mai, et donne ordinairement ses fleurs dès la première année du semis, ce qui n'a pas lieu pour les autres espèces. La panicule est assez garnie de feuilles ; les rameaux sont peu étalés, finement striés, mais arrondis et presque sans angles. Les sépales du calice sont oblongs, très-concaves, à nervures assez prononcées, d'une belle couleur violacée-purpurine, largement blancs-membraneux sur les bords, égalant deux fois la longueur des ovaires au moment de l'anthèse et tombant après celle-ci. Les étamines sont au nombre de 14-15 ; les filets sont violacés-

purpurins, très-fins, insensiblement épaissis vers leur sommet
les anthères sont d'un beau jaune, longues de 2 1/2 mill. Le
ovaires sont au nombre de 3-7, ovales-oblongs, légèrement an
cipités. Le stigmate est violacé, ovale, assez large, planiuscule
à bords légèrement fléchis en dehors et laissant à découvert l
sommet du bec de l'ovaire. La graine est roussâtre, ovale, u
peu arrondie à la base, à côtes presque nulles, longue de 1 5/
mill. sur 1 1/4 mill. de large. Les feuilles sont peu étalées, sur
tout dans le haut de la tige ; leurs segments sont généralemen
assez petits, même dans les feuilles radicales ; le pétiole principa
est canaliculé en dessus, sillonné en dessous, très-allongé dan
les feuilles radicales, très-court ou nul dans les caulinaires ; le
pétioles partiels sont écartés à angle aigu, très-anguleux, peu o
point renflés à l'articulation. Les stipules adnées supérieures son
plus petites, plus étroites et moins embrassantes que les inter
médiaires, et souvent acuminées, comme dans toutes les espèces
les inférieures sont plus allongées mais plus étroites que les in
termédiaires. La tige est assez garnie de feuilles. Toute la plant
est glabre, mais parsemée de quelques petites glandes sessiles
et n'a pas d'odeur fétide.

THALICTRUM EMINENS (N.).

Panicule ample, très-diffuse ; rameaux alternes ou parfois ver
ticillés, plus ou moins étalés, allongés écartés, très-flexueux e
contournés irrégulièrement. Fleurs peu nombreuses, très-distan
tes, solitaires ou verticillées. Pédicelles grêles, très-allongés
courbés en arc au moment de l'anthèse, irrégulièrement dressés
étalés à la maturité. Etamines dirigées en bas, selon le sens d
pédicelle, assez lâches et un peu étalées ; anthères trois à quatr
fois aussi longues que larges, terminées par un mucron aigu très
court. Carpelles oblongs-fusiformes, ancipités, comprimés, irré
guliers, ventrus d'un côté, terminés par un bec court et larg

munis de 8-12 côtes dont les intervalles sont assez étroits et inégaux, longs de 5 3/4 mill. sur 2 1/3 mill. de large. Feuilles très-
étalées, courbées en dehors, largement ovales dans leur pourtour ;
segments assez petits, d'un vert gai, plus pâles en dessous, glabres, minces, pétiolulés, obovales ou elliptiques, souvent arrondis mais point en cœur à la base, plus ou moins élargis au
sommet, à 3-7 lobes inégaux, aigus ou un peu mucronés. Stipules
adnées intermédiaires à oreilles étalées horizontalement vers leur
sommet, embrassant la tige presque entièrement et égalant son
diamètre en largeur, un peu déchirées sur les bords. Stipelles
nulles ou très-petites. Tige robuste, dressée, flexueuse, dure, peu
fistuleuse, sillonnée, anguleuse, glabre, verte ou rembrunie,
écailleuse à sa base. Souche épaisse, horizontale, à bourgeons un
peu ascendants, à fibres en faisceau très-nombreuses. Plante de
1 à 2 mètres.

Il croît sur les coteaux secs et pierreux, parmi les broussailles,
à Villeurbanne, à Dessines et au bois de la Tête-d'Or près Lyon.
Il fleurit en juin. Les rameaux de la panicule sont très-flexueux
et divergents, peu anguleux, munis à leur base de très-petites
feuilles. Les sépales sont oblongs, courbés, très-concaves, à nervures saillantes, d'un vert jaunâtre, doubles des ovaires, tombant après l'anthèse. Les étamines sont au nombre de 18-20 ; les
filets sont blanchâtres, ténus, peu épaissis à leur sommet, dépassant un peu les sépales; les anthères sont d'un assez beau jaune,
longues de 2 1/2 mill. Les ovaires sont au nombre de 5, ovales-
oblongs, ancipités, longuement atténués au sommet. Le stigmate
est blanchâtre, large, ovale, presque aussi long que l'ovaire, à
bords dentelés et fléchis en dehors irrégulièrement. Les côtes des
carpelles sont élargies à leur base, ce qui rend leurs intervalles
plus étroits que dans d'autres espèces. La graine est d'un roux
très-pâle, oblongue-fusiforme, inégale, à côtes très-superficielles,
longue de 4 1/5 mill. sur 1 1/2 mill. de large. Les segments des
feuilles sont assez petits ou de grandeur moyenne dans les radi-

cales; le pétiole principal est canaliculé en dessus, sillonné
dessous, presque nul dans les feuilles caulinaires; les pétioles pa
tiels sont écartés à angle aigu, anguleux, très-peu dilatés à l'ar
culation. La tige est assez feuillée. Toute la plante est glabre
munie de glandes stipitées éparses et très-peu nombreuses.

THALICTRUM EXPANSUM (N).

Panicule très-ample, diffuse; rameaux alternes ou sub-oppos
écartés de la tige à angle aigu vers leur base, très-divergents
arqués en dehors dans leur partie supérieure. Fleurs distant
éparses, plus rarement subverticillées au sommet des rameau
Pédicelles régulièrement courbés en arc au moment de l'anthè:
très-étalés à la maturité. Etamines tout-à-fait pendantes, ram:
sées en faisceau serré et dirigé en bas; anthères cinq fois au
longues que larges, à pointe oblique. Carpelles elliptiques, un p
rétrécis aux deux extrémités, peu comprimés et ancipités, irrég
liers, légèrement ventrus d'un côté, terminés par un bec tr
oblique et assez court, relevés de 8-12 côtes assez fines, longs
4 mill. sur 2 mill. de large. Feuilles étalées, rarement un p
courbées en dehors, largement ovales dans leur pourtour; se
ments d'un vert un peu cendré, assez minces, pétiolulés ou su
sessiles, arrondis elliptiques ou obovales, souvent en cœur
la base, divisés au sommet en 3-7 lobes un peu obtus et muc
nulés. Stipules adnées intermédiaires à oreilles larges, arrondi
dressées-étalées, à la fin déjetées, embrassant exactement la ti;
sans laisser d'intervalle entre leurs bords antérieurs, et dépass:
souvent son diamètre en largeur, dentelées ou déchirées sur
bords. Stipelles nulles. Tige dressée, peu flexueuse, très-peu f
tuleuse, finement sillonnée, arrondie presque sans angles, co
verte, ainsi que toutes les parties de la plante, d'une pubescen
glanduleuse pulvérulente très-fine, écailleuse vers sa base. Souc

épaisse, à bourgeons un peu ascendants, à fibres très-nombreuses.
Plante de 8-15 déc.

Il croît sur les bords du Rhône, dans les broussailles, à la
Tête-d'Or et à Feyzain près Lyon, à Tournon (Ardèche). Il
fleurit en juin et juillet. Les rameaux de la panicule sont un
peu feuillés à leur base. Les sépales sont oblongs, concaves, à
nervures peu marquées, d'un jaune sale, à bordure membraneuse
assez large, de consistance mince, assez persistants. Les étamines
sont au nombre de 16-18; les filets sont blanchâtres, ténus, un
peu plus courts que les sépales; les anthères sont d'un jaune
verdâtre, longues de 3 mill. Les ovaires sont au nombre de 5,
ovales-oblongs, ventrus en dehors. Le stigmate est verdâtre, ovale-
oblong, toujours courbé en dehors au sommet, à bords un peu
réfléchis sur les côtés. La graine est courte, oblongue-fusiforme, à
côtes presque nulles, longue de 4 mill. sur 2 mill. de large. Les
segments des feuilles sont assez larges dans les radicales; le pétiole principal est canaliculé en dessus, fortement sillonné en
dessous, assez court, mais toujours visible dans les feuilles caulinaires; les pétioles partiels sont anguleux, très-étalés et un peu
dilatés à l'articulation. Toute la plante est couverte de très-petites
glandes stipitées plus ou moins nombreuses, et exhale, quand on
la froisse, une odeur fétide.

THALICTRUM ELEGANS (N.).

Panicule assez ample, ovale-oblongue, rameaux alternes ou
sub-opposés, dressés-étalés, flexueux, ascendants à leur partie
supérieure. Fleurs nombreuses, distantes, éparses ou verticillées
au sommet des rameaux. Pédicelles assez longs, courbés au sommet au moment de l'anthèse, dressés-étalés à la maturité. Etamines pendantes, réunies en faisceau lâche dirigé en bas; anthères
six fois aussi longues que larges, à pointe fine très-aiguë et légèrement courbée en faux. Carpelles elliptiques, un peu rétrécis

aux deux extrémités, un peu ancipités, de forme régulière, terminés par un bec droit et allongé, relevés de 8-12 côtes assez
fines, longs de 3 mill. sur 1 1/2 mill. de large. Feuilles dressées-
étalées, ovales dans leur pourtour; segments d'un beau vert ou
jaunâtres en dessus, un peu glauques en dessous, de consistance
mince, sessiles ou très-brièvement pétiolulés, obovales-oblongs ou
elliptiques-oblongs, arrondis et obliques à la base, à 3-5 lobes
aigus et mucronulés, souvent entiers et acuminés dans les feuilles
supérieures. Stipules adnées intermédiaires à oreilles courtes
étalées horizontalement, à la fin réfléchies, embrassant presque
entièrement la tige et égalant à peine son diamètre en largeur.
Stipelles nulles. Tige dressée, peu flexueuse, dure, mais assez
fistuleuse, finement sillonnée, arrondie, d'un vert jaunâtre, presque glabre, écailleuse à la base. Souche épaisse, à bourgeons un
peu ascendants, à fibres très-nombreuses. Plante de 5 à 10 déc.

Il croît parmi les broussailles et dans les pâturages secs, sur
les bords du Rhône, à la Tête-d'Or près Lyon, et aux environs
de Tournon (Ardèche). Il commence à fleurir vers le milieu de
juillet. Les rameaux sont médiocrement étalés, un peu sillonnés,
munis de feuilles à leur base. Les sépales sont oblongs-elliptiques
concaves, à nervures assez prononcées, de couleur très-pâle, un
peu étalés, assez persistants. Les étamines sont au nombre de
20-22; les filets sont blanchâtres, très-fins, très-allongés après
l'anthèse; les anthères sont d'un très-beau jaune, longues de
3 1/2 mill. Les ovaires sont au nombre de 5-6, elliptiques-oblongs
ancipités. Le stigmate est blanchâtre, oblong, un peu déprimé au
centre en dessus, à bords légèrement fléchis en dehors et ne ca-
chant pas le bec de l'ovaire. La graine est d'un roux pâle, oblon-
gue-subfusiforme, à côtes presque nulles, longues de 2 1/3 mill.
sur 1 1/4 mill. de large. Les segments des feuilles sont plus longs
que larges, de grandeur moyenne; le pétiole principal est déprimé en dessus, assez finement sillonné en dessous, très-court dans
les feuilles caulinaires; les pétioles partiels sont étalés à angle

aigu, assez grêles, anguleux, munis de côtes fines, peu dilatés à
l'articulation. La tige est assez feuillée. Toute la plante est glabre
et presque dépourvue de glandes sessiles. Les fleurs exhalent une
odeur suave.

THALICTRUM CALCAREUM (N.).

Panicule ovale, rameaux alternes ou subverticillés, dressés-
étalés, flexueux, assez raides à la maturité. Fleurs peu nombreuses,
distantes, solitaires ou verticillées. Pédicelles assez longs, un peu
inclinés vers leur sommet au moment de l'anthèse, dressés-étalés
à la maturité. Etamines étalées, dirigées en avant ou un peu penchées, selon l'inclinaison du pédicelle; anthères brièvement apiculées, quatre à cinq fois aussi longues que larges. Carpelles
elliptiques, très-peu rétrécis aux deux extrémités, légèrement ancipités, assez renflés, irréguliers, terminés par un bec court et
oblique, munis de 8 ou rarement 10 côtes saillantes, à intervalles
profonds, longs de 4 mill. sur 2 mill. de large. Feuilles dressées-
étalées, largement ovales dans leur pourtour; segments d'un vert
assez foncé, pâles en dessous, de consistance épaisse, sessiles ou
brièvement pétiolulés, ovales ou obovales, ou elliptiques-oblongs,
à 3-7 lobes un peu aigus, souvent de forme arrondie et subcordés
à la base dans les feuilles radicales, presque entiers et acuminés
dans les feuilles supérieures. Stipules adnées intermédiaires à
oreilles assez courtes, dressées et appliquées contre la tige qu'elles
embrassent presque entièrement, dentelées sur les bords. Stipelles
nulles. Tige dressée, très-flexueuse, dure, très-peu fistuleuse,
fortement sillonnée, arrondie, d'un vert jaunâtre ou violacée,
souvent pruineuse dans son jeune âge, tantôt glabre, tantôt couverte, ainsi que toute la plante, d'une pubescence glanduleuse
pulvérulente très-fine et un peu fétide, longuement dénudée dans
sa partie inférieure, et munie vers le bas d'écailles nombreuses.
Souche très-dure et très-compacte, émettant des bourgeons dres-

sés, rapprochés, non ascendants, et des fibres nombreuses. Plante de 2 à 4 déc.

Il croît sur les rochers calcaires, dans les régions alpines ou subalpines des Alpes et des Pyrénées. Je l'ai récolté au sommet du Grand-Son de la Grande-Chartreuse (Isère), et au-dessus d'Athas (Basses-Pyrénées); il fleurit en juillet dans les montagnes, et en juin dans mon jardin. Les rameaux de la panicule sont striés et anguleux, peu feuillés à la base dans le haut; ils sont médiocrement étalés, non divergents, souvent un peu arqués et ascendants. Les sépales sont elliptiques, concaves, à nervures peu distinctes, de couleur pâle ou un peu violacés, très-caducs. Les étamines sont au nombre de 18-20; les filets sont blanchâtres, très-légèrement épaissis au sommet; les anthères sont d'un beau jaune, longues de 2 à 2 1/2 mill. Les ovaires sont au nombre de 3-5, ovales-elliptiques, très-ancipités. Le stigmate est blanchâtre, ovale, à bords non réfléchis. La graine est rousse, oblongue-lancéolée, inégale, à côtes très-superficielles, longue de 3 mill. sur 1 1/4 mill. de large. Les segments des feuilles sont de grandeur moyenne ou quelquefois très-petits; le pétiole principal est fortement sillonné en dessous, canaliculé ou aplani en dessus, assez court mais toujours visible dans les feuilles caulinaires; les pétioles partiels sont assez étalés, un peu aplanis en dessus, relevés de côtes fines et très-anguleux en dessous, légèrement dilatés à l'articulation. Toute la plante est couverte de petites glandes jaunâtres, luisantes, stipitées ou sessiles, souvent très-nombreuses, notamment sur les pétioles partiels, quelquefois presque nulles; leur odeur est assez prononcée, mais pas très-désagréable.

Thalictrum paradoxum (N.).

Panicule ample, diffuse, ovale dans son pourtour; rameaux alternes ou parfois subverticillés, étalés irrégulièrement, assez écartés, flexueux, très-anguleux. Fleurs assez nombreuses, un peu

distantes, la plupart subverticillées, surtout au sommet des rameaux. Pédicelles d'abord penchés au sommet, puis un peu relevés et dirigés en avant au moment de l'anthèse, dressés et un peu
étalés à la maturité. Etamines d'abord dirigées en avant selon le
sens du pédicelle et très-étalées, bientôt pendantes; anthères très-
grandes, environ six fois aussi longues que larges, terminées par
un mucron allongé très-aigu. Carpelles elliptiques-oblongs, rétrécis
aux deux extrémités, un peu comprimés et ancipités, irréguliers,
terminés par un bec étroit aigu et peu oblique, munis de 12 côtes
inégales dont les intervalles sont assez profonds, longs de 4 mill.
sur 2 mill. de large. Feuilles étalées, souvent courbées en dehors,
ovales dans leur pourtour; segments d'un vert sombre, souvent
un peu luisants en dessus, presque glauques et marqués de nervures rembrunies assez saillantes en dessous, assez fermes, sessiles
ou subsessiles, obovales-cunéiformes, à 2-3 ou 5 lobes étalés,
aigus ou mucronulés, plus rarement entiers et elliptiques-oblongs,
toujours rétrécis mais un peu arrondis à la base, environ deux
fois et demie aussi longs que larges dans les feuilles caulinaires.
Stipules adnées intermédiaires à oreilles assez petites, arrondies,
étalées, embrassant à demi la tige et égalant à peine son diamètre
en largeur, dentelées sur les bords. Stipelles nulles. Tige dressée,
légèrement flexueuse, fistuleuse mais assez dure, sillonnée, anguleuse, glabre, brune ou verdâtre, peu ou point écailleuse à la
base. Souche formée de rhizômes horizontaux, allongés, émettant
de distance en distance des bourgeons ascendants et des faisceaux
de fibres assez nombreuses. Plante de 5 à 10 déc.

Il croît sur les bords du Rhône, au bois de la Tête-d'Or et à
Vaulx, près Lyon, Il fleurit vers la fin de juin ou au commencement de juillet. Les rameaux de la panicule sont généralement
très-étalés, tantôt un peu relevés à leur extrémité, tantôt un peu
déjetés, fortement striés et anguleux. Les sépales sont elliptiques-
oblongs, concaves, à nervures prononcées, d'un vert jaunâtre,
tombant aussitôt après l'anthèse. Les étamines sont au nombre

de 15 ; les filets sont blanchâtres, ténus, allongés ; les anthères sont d'un beau jaune, longues de 4 1/2 mill. Les ovaires sont au nombre de 5, elliptiques-oblongs, ancipités. Le stigmate est blanc, ovale, à bords réfléchis. La graine est d'un roux assez foncé, oblongue-fusiforme, un peu oblique, substipitée à la base, à côtes assez visibles, longue de 3 1/2 mill. sur 1 mill. de large. Les segments des feuilles sont de grandeur moyenne, presque tous cunéiformes et assez courts ; le pétiole principal est aplani en dessus, fortement sillonné en dessous, à peu près nul dans les feuilles caulinaires ; les pétioles partiels sont assez étalés, très-anguleux, non dilatés à l'articulation. La tige est très-feuillée. Toute la plante est glabre ou parsemée de glandes sessiles très-peu nombreuses.

Thalictrum Jordani F. Schultz.

Panicule assez ample, ovale-subpyramidale ; rameaux nombreux, rapprochés, alternes ou subverticillés, assez étalés, peu ascendants. Fleurs très-nombreuses, peu distantes, éparses ou subverticillées. Pédicelles assez courts, d'abord un peu inclinés, puis relevés et dirigés en avant au moment de l'anthèse. Etamines étalées et dressées, selon la direction du pédicelle ; anthères assez petites, environ quatre fois aussi longues que larges, à mucron très-court et peu aigu. Carpelles ovales, peu ou point rétrécis aux deux extrémités, peu comprimés et ancipités, assez réguliers, terminés par un bec court et un peu oblique, munis de 10-14 côtes inégales et peu épaisses, longs de 2 1/2 mill. sur 2 mill. de large. Feuilles dressées-étalées, ovales ou ovales-oblongues dans leur pourtour ; segments d'un vert assez foncé et opaques en dessus, pâles et un peu glauques en dessous, de consistance assez mince, sessiles, oblongs-cunéiformes, à 2-3 rarement 5 lobes étalés aigus ou mucronulés, souvent entiers et oblongs, ou elliptiques-linéaires dans les feuilles supérieures, tous rétrécis mais un peu arrondis à la base, environ trois à quatre fois aussi longs que larges dans les feuilles caulinaires moyennes. Stipules adnées intermédiaires à oreilles larges, arrondies, étalées horizontalement, embrassant entièrement la tige et dépassant son diamètre en largeur, dentelées sur les bords. Stipelles ovales-arrondies et denticulées, très-souvent nulles. Tige dressée, très-feuillée, très-peu flexueuse, un peu fistuleuse, mais dure, sillonnée et anguleuse, brune ou verdâtre, glabre, peu ou point écailleuse à la base. Souche formée de rhizômes horizontaux, très-allongés, émettant de distance en distance des bourgeons ascendants et des faisceaux de fibres peu nombreuses. Plante de 5 à 10 déc.

Il croît sur les bords du Rhône, au bois de la Tête-d'Or et à Vaulx près Lyon. Il fleurit vers le commencement de juin. Les rameaux de la panicule sont étalés, mais point déjetés, un peu anguleux. Les sépales sont elliptiques-oblongs, très-concaves, marqués de nervures assez distinctes, d'un jaune sale, tombant un peu après l'anthèse. Les étamines sont au nombre de 14-16 ; les filets sont blanchâtres, d'abord courts et assez fermes, allongés après la floraison ; les anthères sont d'un beau jaune, longues de 2 1/2 mill. Les ovaires sont au nombre de 6 et ovales. Le stigmate est blanchâtre, ovale, aussi long que large, à bords un peu fléchis en dehors. La graine est rousse, oblongue, à côtes superficielles, longue de 2 mill. sur 1 mill. de large. Les segments des feuilles sont presque tous cunéiformes et assez allongés, souvent fort larges dans les feuilles radicales, et très-étroits dans les caulinaires supérieures ; le pétiole principal est aplani en dessus, sillonné en dessous, nul dans les feuilles caulinaires moyennes et supérieures ; les pétioles partiels sont écartés à angle aigu, très-anguleux, non dilatés à l'articulation. La tige est très-feuillée. Toute la plante paraît glabre ; mais on observe sur la surface inférieure des feuilles et sur les pétioles quelques glandes sessiles ou stipitées extrêmement petites.

Thalictrum Timeroyi (N.).

Panicule ovale-oblongue, pyramidale; rameaux nombreux, alternes ou sub-opposés, dressés-étalés, un peu arqués et ascendants dans leur partie supérieure; fleurs assez nombreuses, un peu distantes, éparses ou plus rarement subverticillées. Pédicelles assez courts, inclinés au sommet au moment de l'anthèse, dressés-étalés et un peu flexueux à la maturité. Etamines étalées et penchées selon la direction du pédicelle; anthères environ six fois aussi longues que larges, à mucron aigu et assez allongé. Carpelles elliptiques, un peu rétrécis aux deux extrémités, faiblement comprimés et ancipités, assez réguliers, terminés par un bec allongé et un peu oblique, munis de 8 à 12 côtes inégales et peu épaisses, longs de 3 mill. sur 1 3/4 mill. de large. Feuilles dressées-étalées, ovales ou ovales-oblongues dans leur pourtour; segments d'un beau vert opaque et assez clair en dessus, plus pâles en dessous, planes, de consistance peu épaisse, sessiles dans les feuilles caulinaires, le plus souvent entiers, elliptiques-oblongs et aigus, trois fois aussi longs que larges, ou bi-trifides et oblongs-cunéiformes, tous arrondis obliquement à la base. Stipules adnées intermédiaires à oreilles larges, ovales-arrondies, très-étalées, embrassant presque entièrement la tige et égalant environ deux fois son diamètre en largeur, déchirées sur les bords. Stipelles nulles. Tige dressée, très-peu flexueuse, fistuleuse, mais résistant à la pression, sillonnée et peu anguleuse, d'un vert jaunâtre ou rembrunie, glabre, assez garnie d'écailles à la base. Souche formée de rhizômes horizontaux, très-allongés, émettant de distance en distance des faisceaux de fibres et des bourgeons ascendants. Plante de 4 à 8 déc.

Il croît sur les bords du Rhône, au bois de la Tête-d'Or près Lyon. Il fleurit vers la fin de juin ou au commencement de juillet. Les rameaux de la panicule sont médiocrement étalés, tous ascendants, assez anguleux. Les sépales sont elliptiques-oblongs, concaves, à nervures assez distinctes, d'un blanc sale jaunâtre, largement membraneux sur les bords, tombant un peu après l'anthèse. Les étamines sont au nombre de 18-20 ; les filets sont blanchâtres, peu allongés, assez ténus ; les anthères sont d'un jaune clair assez pâle, longues de 3 mill. Les ovaires sont ovales-oblongs, au nombre de 5. Le stigmate est blanchâtre, ovale-oblong, à bords peu ou point réfléchis. La graine est rousse, ovale-oblongue, arrondie et très-peu rétrécie à la base, à côtes très superficielles, longue de 2 1/4 mill. sur 1 1/4 mill. de large. Les segments des feuilles sont presque tous oblongs, ou de forme lancéolée et un peu acuminés dans le haut de la plante ; ceux des feuilles radicales sont larges et assez courts, de forme ovale-elliptique ; le pétiole principal est déprimé ou un peu canaliculé en dessus, fortement sillonné en dessous, très-court, mais rarement tout-à-fait nul dans les feuilles caulinaires ; les pétioles partiels sont écartés presque à angle droit, très-anguleux, non dilatés à l'articulation. La tige est très-feuillée. Toute la plante est glabre et presque entièrement dépourvue de glandes.

THALICTRUM SIMPLEX L.

LINNÉ, Mant. 1, p. 78. — *T. angustifolium*, VILL. Fl. Dauph. 3, p. 712.

Panicule étroite, oblongue, racémiforme ; rameaux très-courts, alternes ou subverticillés, dressés, peu étalés ; fleurs peu nombreuses, très-peu distantes, souvent verticillées. Pédicelles courts, légèrement inclinés en avant au moment de l'anthèse, dressés à la maturité, très-épaissis à leur sommet. Etamines étalées et dirigées selon le sens du pédicelle ; anthères quatre fois aussi longues que larges, un peu obliques, à mucron très-court. Carpelles elliptiques-oblongs, subfusiformes, légèrement rétrécis à la base et au sommet, peu comprimés, peu réguliers, terminés par un bec étroit assez long et oblique, longs de 5 mill. sur 1 1/2 mill. de large. Feuilles dressées, rapprochées de la tige, oblongues ou ovales·oblongues dans leur pourtour; segments d'un vert foncé, pâles en dessous, planes, assez fermes, à veines et nervures assez saillantes, tous sessiles, oblongs et entiers, ou cunéiformes·oblongs et bi-trifides au sommet, peu aigus, un peu arrondis obliquement à la base. Stipules adnées intermédiaires à oreilles assez grandes, ovales-arrondies, dressées et appliquées contre la tige qu'elles embrassent presque entièrement et dépassent en largeur, déchirées sur les bords. Stipelles nulles. Tige grêle, dressée, très-peu flexueuse, fistuleuse, résistant faiblement à la pression, sillonnée, anguleuse, d'un vert jaunâtre ou rembrunie, glabre, très-peu écailleuse à la base. Souche formée de rhizômes très-grêles, horizontaux, très-allongés, émettant de distance en distance des faisceaux de fibres et des bourgeons longuement ascendants. Plante de 2-5 déc.

Il vient dans les prairies des Alpes. Je l'ai récolté sur le col du Lautaret (Hautes-Alpes), au lieu dit *les Rochers blancs*, d'après l'indication de M. Mathonnet de Villard-d'Arène.

Il fleurit en août dans les régions alpines, et en juin dans mon jardin, où j'en cultive des exemplaires provenant de la localité citée, et d'autres obtenus de graines recueillies dans cette même localité. Les rameaux inférieurs de la panicule sont grêles et munis de feuilles qu'ils dépassent à peine; les fleurs ne sont point éparses et penchées, mais généralement verticillées et presque dressées. Les sépales sont oblongs, à nervures assez distinctes, d'un vert jaunâtre ou un peu violacés, tombant aussitôt après l'anthèse. Les étamines sont au nombre de 12-14; les filets sont blanchâtres ou violacés, assez ténus, épaissis au sommet; les anthères sont d'un jaune un peu verdâtre, longues de 2 1/4 mill. Les ovaires sont au nombre de 5-8 et de forme oblongue. Le stigmate est blanchâtre, ovale, à bords un peu réfléchis, seulement au sommet. La graine est d'un roux pâle, oblongue, substipitée à la base, à côtes très-superficielles, longues de 2 mill. sur 5/6 mill. de large. Les segments des feuilles sont généralement oblongs-linéaires, souvent trifides, à lobes peu divergents et peu aigus; ceux des feuilles radicales sont plus larges et plus courts, cunéiformes, bi-trifides, arrondis à la base; le pétiole principal est un peu canaliculé en dessus, sillonné en dessous, assez allongé dans les feuilles caulinaires très-inférieures, très-court ou nul dans les autres; les pétioles secondaires sont dressés-étalés, très-anguleux, non renflés à l'articulation. La tige est très-feuillée. Toute la plante est glabre et presque entièrement dépourvue de glandes.

Thalictrum nitidulum (N.).

Panicule oblongue, pyramidale; rameaux alternes ou subverticillés, dressés-étalés, ascendants vers leur milieu. Fleurs très-nombreuses, peu distantes, souvent verticillées et disposées en grappes assez fournies. Pédicelles courts, dressés-étalés au moment de l'anthèse et à la maturité. Etamines dressées-étalées; anthères quatre fois aussi longues que larges, à mucron court et peu aigu. Carpelles ovales ou ovales-elliptiques, peu ou point comprimés, assez réguliers, terminés par un bec très-persistant aigu un peu oblique et presque égal à la moitié de leur longueur, relevés de 10 côtes peu inégales, longs de 1 2/3 mill. sur 1 1/4 mill. de large. Feuilles dressées, peu étalées, ovales-oblongues dans leur pourtour; segments d'un vert luisant assez clair ou un peu jaunâtre, pâles en dessous, de consistance un peu épaisse, à bords souvent révolutés, tous sessiles, allongés, oblongs-cunéiformes, bi-trifides, à lobes étalés étroits et profonds, ou oblongs-linéaires entiers, souvent linéaires dans les feuilles supérieures, arrondis à la base, courts et larges dans les feuilles radicales. Stipules adnées intermédiaires à oreilles amples, étalées horizontalement, embrassant complètement la tige en forme de collerette, dépassant souvent son diamètre en largeur, dentelées sur les bords. Stipelles

2

petites, linéaires, situées à la base interne des pétioles secondaires
et souvent en dehors, assez caduques, mais toujours existantes
Tige dressée, très-peu flexueuse, fistuleuse, mais assez dure
sillonnée et anguleuse, d'un vert jaunâtre ou violacée, très-glabre
peu ou point écailleuse à la base. Souche formée de rhizôme
horizontaux très-allongés, émettant de distance en distance de
faisceaux de fibres très-nombreuses et des bourgeons ascendants
Plante de 6-8 déc.

Il croît dans les pâturages secs et parmi les broussailles, su
les bords du Rhône, à la Tête-d'Or près Lyon. Il fleurit en juillet
Les rameaux de la panicule forment une grappe allongée, lâche
plus ou moins ample, assez égale jusqu'au milieu, rétrécie e
dessus et finissant en pointe au sommet. Les sépales sont ellip
tiques, à nervures très-peu distinctes, d'un jaune verdâtre très
pâle, tombant aussitôt après l'anthèse. Les étamines sont a
nombre de 18-20 ; les filets sont blanchâtres et assez allongés
les anthères sont d'un jaune peu vif, longues de 2 1/4 mill. Le
ovaires sont au nombre de 5-8, ovales-oblongs. Le stigmate es
blanc, ovale, presque égal à l'ovaire, à bords réfléchis. La grain
est pâle, ovale-oblongue, à côtes nulles, longue de 1 1/4 mill. su
3/4 mill. de large. Les segments des feuilles sont de grandeu
variable, souvent très-larges dans les feuilles inférieures et très
étroits dans les supérieures, généralement allongés, très-arrondi
à la base, aigus au sommet, profondément bi-trifides ; le pétiol
principal est aplani en dessus, sillonné en dessous, complètemen
nul dans les feuilles caulinaires ; les pétioles partiels latéraux son
très-courts, peu étalés, fortement anguleux, nullement dilatés
l'articulation. La tige est très-feuillée. Toute la plante est glabr
et presque entièrement dépourvue de glandes.

Thalictrum spurium Timeroy.

Panicule oblongue ; rameaux alternes ou subopposés, courbés-
ascendants, très-dénudés dans leur partie inférieure ; fleurs très-
nombreuses, très-rapprochées, disposées par fascicules ramassés
vers le sommet des rameaux en petites grappes oblongues et assez
denses. Pédicelles très-courts, dressés au moment de l'anthèse et
à la maturité. Etamines dressées-étalées ; anthères quatre ou cinq
fois aussi longues que larges, à mucron très-court et obtus. Carpelles ovales-elliptiques, réguliers, assez renflés, à bec court et
caduc, munis de 12 côtes arrondies peu inégales, longs de 2 1/5
mill. sur 1 2/3 mill. de large. Feuilles dressées, très-peu étalées,
oblongues ou ovales-oblongues dans leur pourtour ; segments d'un
vert opaque assez clair, quelquefois rembrunis, plus pâles en
dessous, de consistance assez mince, planes, à nervures assez prononcées, tous sessiles, allongés, oblongs ou elliptiques-linéaires et
entiers, ou souvent oblongs-cunéiformes et bi-trifides, à lobes un
peu aigus rétrécis et obliques, peu arrondis à la base dans les
feuilles supérieures, très-amples et souvent à 5 lobes dans les
feuilles radicales. Stipules adnées intermédiaires à oreilles amples,
arrondies, dressées-étalées, embrassant complètement la tige en
forme de collerette, et se recouvrant l'une et l'autre par leurs
bords antérieurs, dépassant le diamètre de la tige en largeur,
dentelées sur les bords. Stipelles ovales-arrondies, dentelées, toujours présentes à la base interne ou externe des pétioles secondaires et tertiaires. Tige dressée, un peu fistuleuse, mais dure et
résistant à la pression, sillonnée et anguleuse, d'un vert jaunâtre
ou parfois violacée-rembrunie, ainsi que les feuilles, très-glabre,
peu écailleuse vers sa base. Souche très-courte, formée de la base
épaissie des tiges, produisant un amas de fibres entremêlées de
stolons nombreux, très-allongés, horizontaux, qui émettent de

distance en distance des faisceaux de fibres et des bourgeons dressés non ascendants.

Il croit parmi les broussailles, aux bords du Rhône, au bois de la Tête-d'Or près Lyon. Il fleurit dès les premiers jours de juillet. Les rameaux de la panicule forment une grappe médiocrement allongée, un peu lâche vers la base, très-serrée et très-fournie vers le haut, décroissant en largeur du milieu au sommet. Les sépales sont elliptiques, concaves, à nervures peu distinctes, jaunâtres, très-caducs. Les étamines sont au nombre de 16 ; les filets sont blanchâtres et dépassent un peu les sépales ; les anthères sont d'un beau jaune, longues de 2 mill. Les ovaires sont au nombre de 5-7, ovales-oblongs. Le stigmate est blanchâtre, ovale, plus court que l'ovaire, à bords réfléchis. La graine est rousse, ovale-oblongue, à côtes presque nulles, longue de 1 3/4 mill. sur 1 mill. de large. Les segments des feuilles radicales sont très-grands ; ceux des feuilles caulinaires sont plus ou moins étroits, presque tous rétrécis aux deux extrémités, environ quatre ou cinq fois aussi longs que larges ; le pétiole principal est déprimé en dessus, sillonné en dessous, nul dans les feuilles intermédiaires et supérieures de la tige ; les pétioles partiels latéraux sont très-courts, peu étalés, fortement anguleux, non dilatés à l'articulation. La tige est très-feuillée. Toute la plante est glabre et presque entièrement dépourvue de glandes.

Ces onze espèces que je viens de décrire me paraissent offrir des différences assez tranchées, qui les séparent, soit les unes des autres, soit des espèces les mieux connues du même genre, dont la description se trouve dans nos bons auteurs. Je vais indiquer les caractères qui les font reconnaître le plus aisément.

Le *T. præcox* est remarquable par sa floraison précoce ; sa panicule peu ample, à rameaux peu étalés arrondis et presque sans angles ; ses fleurs penchées ; ses carpelles petits, ovales, point comprimés, de forme régulière ; ses feuilles peu étalées, à segments petits d'un beau vert clair, à pétioles partiels souvent sti pellés; ses stipules à oreilles dressées-étalées; sa tige grêle, peu flexueuse, finement striée et glabre; sa souche très-compacte. Il est certainement très-voisin du *T. Kochii* Fries, Nov. Mant. 111. p. 46.—*Collinum* Koch, Syn. fl. g. éd. 1, p. 4; mais je ne doute pas qu'il n'en soit réellement distinct. D'après les auteurs cités, le *T. Kochii* est une plante qui est généralement plus robuste que le *T. minus* L., et qui fleurit un mois plus tard, en juillet. Ils lui attribuent des stipules adnées à oreilles étalées horizontalement. Fries, l. cit., dit la tige fistuleuse : *caulis inanis comprimendus.* Ces caractères ne peuvent convenir au *T. præcox* qui fleurit avant tous les autres, dont la tige est grêle dure non fistuleuse, et dont les stipules adnées sont peu étalées; mais ce que Fries dit des carpelles du *T. Kochii* dans le Summa veg. Scand. p. 156 : *carpellis e basi obtusissimâ breve ovatis æqualibus*, peut très-bien lui être appliqué. Comme ce caractère, ainsi que les autres indiqués dans la description, s'appliquent également bien à une autre espèce que j'ai observée souvent aux environs de Lyon et qui est différente du *præcox*, j'en conclus que des espèces voisines peuvent offrir une grande similitude dans la forme du fruit ou de plusieurs autres organes importants, qu'il est par conséquent indispensable de les passer tous en revue et de les décrire exactement, afin que les espèces soient établies, non pas sur quelques caractères réputés essentiels, mais sur une combinaison de tous les caractères. Dans le cas présent, il y a d'autant moins lieu d'être surpris que la description des carpelles du *T. Kochii*, se rapporte à celle que j'ai donnée du *T. præcox*, que plusieurs espèces de la section du *T. flavum* L. ont les carpelles tout-à-fait semblables à ceux du *T. Kochii* et la tige également fistuleuse compressible, quoique d'ailleurs très-éloignées de cette espèce.

Le *T. eminens* s'éloigne complètement du *T. præcox* par la forme de sa panicule qui est ample et diffuse, à fleurs plus distantes, à pédicelles très-allongés; ses carpelles oblongs-fusiformes, très-irréguliers, ancipités, comprimés, du double plus allongés; ses feuilles très-étalées, souvent courbées en dehors; sa tige plus flexueuse et très-robuste, conservant ses grandes dimensions dans les lieux secs et pierreux des collines. Il fleurit aussi un mois plus tard. Il est plus voisin du *T. majus* Jacq. — Koch, Syn. fl. germ. éd. 2. p. 4, que de tout autre; mais ce dernier, qui croît aux environs de Lyon, souvent dans les mêmes lieux que le *T. eminens*, s'en distingue au premier aspect, par la forme de sa panicule dont les rameaux sont assez régulièrement dressés-étalés, et souvent garnis de feuilles ou de segments de feuilles jusque dans le haut; ses pédicelles moins penchés, ses étamines, au contraire, plus pendantes; ses carpelles également ventrus en dedans et ancipités, mais plus larges et plus courts; ses feuilles à segments plus larges et souvent en cœur à la base dans les inférieures, d'un vert plus foncé, très-pâles ou glauques en dessous, à pétioles secondaires plus étalés; ses stipules à oreilles plus courtes; sa tige plus raide, moins flexueuse. Il fleurit un peu plus tard. Le *T. flexuosum* Rchb. est peut-être la même plante que le *T. majus* Jacq., d'après la description qu'en donne Fries dans le Summa veg. Scand. p. 136.

Le *T. minus* L. paraît une plante généralement de petite taille, surtout lorsqu'elle croît dans les lieux secs et sablonneux; elle ne s'élève davantage que dans un sol fertile. On lui attribue une panicule ample dont les rameaux inférieurs s'écartent à angle droit et dont les fleurs sont penchées, des carpelles très-gros et oblongs-fusiformes, des segments de feuille presque ronds et glauques en dessous, des stipules adnées étalées et courtes, une tige très-flexueuse dénudée à la base et ordinairement pruineuse à l'état jeune. Linné dit que cette plante est précoce et fleurit en même temps que le *T. aquilegifolium* L.. Il est admis que le *T. minus* L. se trouve presque partout; mais je crois plutôt que l'on confond sous ce nom un certain nombre d'espèces voisines, et je pense qu'il serait utile que ceux qui se disent en possession du vrai type Linnéen nous fissent connaitre avec précision tous les caractères qui le distinguent.

Le *T. expansum* se reconnait à sa panicule très-ample, dont tous les rameaux sont arqués en dehors et fort divergents ; ses fleurs très-régulièrement penchées, les pédicelles étant fortement courbés vers leur milieu, et les anthères ramassées en faisceau pendant ; ses carpelles oblongs-elliptiques, peu comprimés, ventrus du côté extérieur, à bec oblique ; ses feuilles très-étalées, mais rarement courbées en dehors comme dans le *T. eminens*, à segments de forme arrondie et souvent un peu en cœur à la base ; ses stipules larges très-embrassantes ; sa tige plus finement sillonnée que dans le *T. eminens* et couverte ainsi que toute la plante de glandes stipitées fétides. Le caractère des glandes stipitées fétides parait constant dans cette espèce ; mais il lui est commun avec plusieurs autres que je me propose de faire connaître, et chez lesquelles il n'est pas toujours aussi constant. Ces plantes sont vulgairement confondues sous les noms de *T. pubescens* D. C., *minus* L., *saxatile* Schl., *majus* Jacq., selon qu'elles sont pubescentes ou glabres, de taille basse ou élevée ; car en s'en tenant aux descriptions qui se trouvent dans la plupart de nos flores, on est conduit, tantôt à séparer comme des espèces différentes divers individus d'un même type, tantôt à confondre en une seule plusieurs plantes distinctes, en raison de la présence ou de l'absence du caractère unique et variable dont on s'est servi pour les distinguer.

Le *T. elegans* se distingue des deux qui précèdent par sa panicule beaucoup plus resserrée, de forme ovale-oblongue, à rameaux dressés-étalés et ascendants, à fleurs odorantes et d'un très-beau jaune ; ses anthères à pointe fine et courbée en faulx ; ses carpelles elliptiques, petits, assez réguliers, à bec droit et allongé, ses feuilles dressées-étalées, à segments d'un vert plus jaunâtre en dessus et plus glauques en-dessous, de forme oblongue, plus aigus, souvent entiers ; ses stipules à oreilles plus·

courtes, très-étalées ou réfléchies; sa tige plus grêle, plus fistuleuse et très-finement sillonnée. Il fleurit tard, après tous les autres, ce qui le distingue du *T. præcox*. Les rameaux de sa panicule ne sont pas très-flexueux, comme dans ce dernier; les pédicelles sont plus allongés et plus régulièrement courbés pendant l'anthèse. Le mucron des anthères est plus long et plus courbé. Les carpelles sont moins renflés et de forme plus oblongue. Les segments des feuilles sont de forme différente et à lobes moins nombreux.

Le *T. calcareum* est remarquable par ses tiges très-flexueuses, longuement dénudées inférieurement, et garnies à la base d'écailles ou gaînes scarieuses assez nombreuses. Sa panicule est de grandeur médiocre, à rameaux dressés-étalés et assez raides. Ses fleurs sont beaucoup moins penchées que dans les quatre espèces qui précèdent. Ses carpelles sont plus gros que dans les *T. elegans* et *præcox*, de forme elliptique, assez renflés, à côtes très-nettes. Ses feuilles sont dressées-étalées, à segments moins arrondis que dans le *T. expansum*, de consistance épaisse, exhalant par le froissement une odeur moins désagréable, quoique également pubescents-glanduleux. Ses stipules sont aussi plus courtes et plus appliquées contre la tige que dans cette dernière espèce. Son *habitat* est très-différent. Cette plante est probablement, en partie, le *T. minus saxatile* Gaud. Fl. helv. 5. p. 505. C'est aussi, en partie, le *T. saxatile* de Schleicher et de De Candolle; mais ce n'est pas celui de Villars qui est évidemment la même plante que le *T. fœtidum* D. C., d'après la description qu'il en donne dans la Flore du Dauph. 3, p. 714.

Le *T. paradoxum* tient le milieu entre les espèces qui précèdent et celles qui suivent. Sa souche à rhizômes horizontaux et allongés l'éloigne des premiers; mais ses carpelles fusiformes l'en rapprochent. Sa panicule est ample et diffuse, à fleurs assez grandes dirigées en avant pendant l'anthèse. Les étamines sont pendantes après l'anthèse; leurs anthères sont fort grandes et

terminées par un mucron allongé très-aigu. Le stigmate a les bords
réfléchis. Les carpelles sont elliptiques-oblongs, sub-fusiformes,
irréguliers et ancipités. Les segments des feuilles sont d'un vert
sombre et un peu luisant, glaucescents en dessous, tous subsessiles et cunéiformes, assez courts, plus ou moins larges, bi-
trifides au sommet, arrondis à la base. Les stipules adnées sont
petites et n'embrassent pas entièrement la tige. Le *T. medium*
Jacq. est voisin de cette espèce, mais il a les fleurs plus petites,
les anthères presque mutiques, les carpelles plus petits et de
forme moins allongée, les segments des feuilles plus exactement
cunéiformes et point arrondis à leur base.

Le *T. lucidum* L. est considéré par plusieurs auteurs comme
étant très-rapproché du *T. medium* Jacq. Koch, dans le Syn. fl.
germ. éd. 1. p. 3, émet l'opinion que ces deux plantes doivent
être réunies. M. Cosson et Germain, dans leur Flore de Paris,
ont adopté cette manière de voir et considèrent le *T. medium*
Jacq. comme étant exactement la même plante que le *T. lucidum*
L. Je n'ai pour résoudre cette question aucune donnée parti-
culière; mais je crois que, si l'on s'en tient à la description donnée
par Linné, il est permis de penser que sa plante ne doit avoir aucune affinité, ni même aucune ressemblance, avec le *T. medium*
Jacq. En effet, il la décrit avec des feuilles linéaires et charnues :
foliis linearibus carnosis; il la rapproche du *T. flavum* L. dont
elle serait à peine distincte : *an satis distincta a T. flavo; videtur
temporis filia.* Il ne la place pas entre le *T. minus* et le *T. flavum*, mais après le *T. flavum*, comme encore plus éloignée que
celui-ci du *T. minus*; tandis que le *T. medium* est au contraire
assez rapproché du *T. minus*, et qu'il n'est aucune des formes
qu'on lui a rapportées dont on puisse dire : *foliis linearibus carnosis*, puisque toutes ont les feuilles cunéiformes ou oblongues plus
ou moins dentées et nullement épaisses, et qu'aucune d'elles ne
peut être confondue au premier aspect avec le *T. flavum*. Il est
donc très-probable que le *T. lucidum* correspond à quelque forme

voisine du *T. flavum* L., ou intermédiaire entre cette espèce
et le *T. galioïdes* Nestl., comme il s'en trouve effectivement plusieurs, non signalées, qui ont les feuilles linéaires assez épaisses
et plus ou moins luisantes.

Le *T. Jordani* est voisin du *T. paradoxum*, mais bien distinct.
Sa panicule est moins diffuse et plus fournie, à rameaux et à
fleurs plus nombreuses; celles-ci sont de même dirigées en avant
et non penchées au moment de l'anthèse; mais leurs étamines
ont les filets plus fermes et les anthères de moitié plus petites
très-brièvement mucronées. Les carpelles sont plus petits, de
forme plus ovale. Les feuilles ont leurs segments également
cunéiformes, mais plus allongés, plus souvent entiers, d'un vert
moins sombre. Les stipules adnées sont larges, étalées horizontalement et embrassent entièrement la tige. Les stipelles ne
manquent pas toujours. Il fleurit trois semaines plus tôt. Cette
espèce a beaucoup d'affinité avec le *T. medium* Jacq. Je crois
cependant qu'elle en diffère. Ce dernier a les segments des feuilles
plus courts, plus exactement cunéiformes, et point arrondis à la
base, d'après la figure donnée par Jacquin Hort vind. 3, t. 96
qui paraît correspondre très-bien à une forme voisine du *T. Jordani* qui croît, comme ce dernier, aux environs de Lyon. La
plante de Jacquin paraît d'ailleurs fort litigieuse. On lui attribue
des feuilles luisantes et une souche non rampante, ce qui ne
s'accorde point avec mes observations. M. F.-G. Schultz est
d'avis que la plante de Lyon que je viens de décrire ne peut
être rapportée au *T. medium* Jacq. Je lui ai conservé le nom
qu'il m'a dit lui avoir imposé.

Le *T. Timeroyi* se distingue des deux qui précèdent par la
forme de sa panicule dont les rameaux sont moins ouverts et
plus redressés en grappe. Les fleurs ont une odeur suave, et
sont plus éparses, rarement verticillées, évidemment penchées
au moment de l'anthèse, quoique beaucoup moins pendantes que
dans les *T. elegans, expansum* et *eminens*. Les étamines ont les

anthères d'un jaune pâle, à mucron plus prononcé que dans le *T. Jordani* et plus court que dans le *T. paradoxum*. Les carpelles se rapprochent beaucoup par leur forme de ceux du *T. Jordani*; ils sont cependant plus gros, plus renflés, rétrécis davantage aux deux extrémités, à bec plus long et plus oblique. Les feuilles sont surtout remarquables par la forme de leurs segments qui sont régulièrement oblongs et non cunéiformes, très-souvent entiers, d'un vert opaque assez clair ou un peu jaunâtre. Les stipules adnées sont larges, très-étalées. Les stipelles sont complètement nulles.

Le *T. simplex* est beaucoup plus grêle que tous ceux qui précèdent, non seulement dans sa tige et sa panicule, mais dans sa souche dont les rhizômes sont fort allongés et peu épais. La panicule forme une grappe courte et très-étroite, à rameaux dressés feuillés, à fleurs très-pâles dirigées en avant et à peine un peu inclinées. Les carpelles sont petits, allongés, subfusiformes, à bec long et oblique. Les feuilles sont tout-à-fait dressées, à segments oblongs ou oblongs-cunéiformes, plus ou moins larges, souvent entiers, d'un vert très-sombre et opaque. Les stipelles sont nulles. La plante du Lautaret que j'ai décrite sous le nom de *T. simplex* est exactement la même que celle des Alpes du Valais qui est prise pour le vrai *simplex* par les meilleurs auteurs. J'ai lieu de croire qu'elle n'est pas différente de celle qui est connue sous ce nom en Suède et dans le nord d'Allemagne, d'après les exemplaires que j'ai reçus de M. Anderson et de M. Buchinger; mais comme je n'ai pas vu de fruits mûrs de cette dernière plante, je ne puis affirmer qu'elle soit identique avec celle des Alpes; car, dans un pareil genre, quelques données qu'on puisse avoir d'ailleurs, il me paraît impossible d'arriver à la détermination certaine d'une forme quelconque, sans la comparaison des carpelles bien mûrs et très-nombreux. Plusieurs auteurs réunissent au *T. simplex* L. le *T. galioides* Nestl. qui est, selon moi, une plante tout-à-fait distincte. Fries, dans ses

Noviliæ fl. succ. p. 173, exprime une opinion conforme à la
mienne. Il est certain, d'un autre côté, qu'il existe un grand
nombre de formes qui semblent tenir le milieu entre le *T. simplex* L. et le *T. galioïdes* Nestl. des environs de Strasbourg. Mais
plusieurs de ces formes, qui sont loin d'avoir été toutes signalées,
sont des espèces distinctes dont je me réserve de parler prochai-
nement.

Le *T. nitidulum* a beaucoup de rapport par son port et la
forme de sa panicule avec le *T. galioïdes* Nestl.; mais des différences essentielles le séparent de cette espèce. Les fleurs sont
dressées au moment de l'anthèse et non penchées, moins
éparses et ordinairement assez rapprochées, mais bien moins
ramassées que dans les espèces très-voisines du *T. flavum* L.
Ses carpelles sont petits, régulièrement elliptiques, terminés par
un bec très-allongé. Les segments des feuilles sont d'un vert luisant, la plupart oblongs-cunéiformes et bi-trifides, allongés, souvent
linéaires. Les stipules adnées sont très-amples et étalées horizontalement. Les pétioles partiels sont toujours munis de stipelles, au
lieu qu'ils en sont toujours dépourvus dans le *T. galioïdes*.
La tige est moins dure et cède bien plus facilement à la pression, sans être cependant aussi fistuleuse que dans plusieurs
espèces rapprochées du *T. flavum*.

Le *T. spurium* est très-voisin du *T. flavum* L., c'est-à-dire de
ces diverses formes à fleurs très-ramassées que l'on confond sous
le nom de *T. flavum* et qu'une étude plus attentive fera probablement distinguer; mais, d'un autre côté, il se rapproche du
T. galioïdes par sa panicule oblongue et sa tige dure ne cédant
qu'à une forte pression. M. Timeroy, qui le premier a observé
cette plante et lui a imposé le nom que j'ai conservé, croyait
d'abord qu'elle pourrait être un hybride; mais je me suis assuré
en la reproduisant de graines qu'elle conservait ses caractères;
elle doit donc être distinguée du *T. flavum*, quoiqu'elle en soit
certainement très-voisine. Ses fleurs sont très-ramassées et d'un

très-beau jaune. Ses carpelles sont plus renflés et plus gros
que dans le *nitidulum*, à bec court et caduc. Les segments des
feuilles sont allongés, oblongs-linéaires, très-larges dans les feuilles
radicales. Les fibres de la racine sont bien plus nombreuses que
dans les *T. galioïdes* et *nitidulum* et les bourgeons de nouvelles
tiges beaucoup moins couchés sous terre et ascendants que dans
ces deux espèces, quoique issus pareillement de rhizômes horizontaux très-allongés.

Les espèces que je viens de décrire habitent presque toutes les
environs de Lyon, et croissent pour la plupart en société au
bois de la Tête-d'Or, avec beaucoup d'autres que je ferai connaître
et que je me suis procurées vivantes, afin de pouvoir les observer
dans tous leurs développements. Les différences qu'elles présentent
ne peuvent être attribuées aux influences locales, puisque leur
habitat est le même ; elles ne sont pas le résultat de l'hybridité,
car elles fructifient très-bien, et j'en ai déjà reproduit de graines
un certain nombre. Il faut donc admettre que le principe de leur
diversité existe en elles-mêmes, et l'on ne saurait trop admirer
l'inépuisable fécondité de la nature, qui semble reproduire une
même pensée sous des formes indéfiniment diverses, ou, pour
parler plus exactement, qui nous offre des idées distinctes si
étroitement unies qu'elles ne paraissent former qu'une seule idée.

GENRE SILENE.

I. Le *S. brachypetala* Rob. et Cast. est considéré générale
ment comme une espèce douteuse dont la validité n'est pas suffi
samment établie. Il est certain que les descriptions qui ont été
données de cette plante n'indiquent aucun caractère de quelqu
valeur qui la sépare du *S. nocturna* L. Aussi, plusieurs botaniste
ne voient en elle qu'une simple modification de cette dernièr
espèce, qu'une forme appauvrie issue d'un sol très-aride. Cett
opinion peut ne pas manquer d'une certaine vraisemblance; ce
pendant j'ai lieu de croire qu'elle est mal fondée. Ayant pu ob
server plusieurs fois le *S. brachypetala* dans son lieu natal, au
environs de Marseille, où il croît quelquefois en société avec l
S. nocturna, j'ai acquis la conviction que ces deux plantes étaien
distinctes l'une de l'autre. Six années de semis successifs de ce
deux espèces m'ont confirmé dans cette manière de voir, et j'a
pu constater non seulement qu'elles sont constantes dans leu
forme, mais encore qu'elles présentent dans leurs organes essen
tiels des différences tout-à-fait caractéristiques. Je vais en donne
la description.

SILENE NOCTURNA L.

Linné, Sp. pl. p. 595. — *S. spicata* D. C. Fl. fr. 4, p. 759.

Fleurs assez nombreuses, disposées en épi unilatéral, d'abor
court et imbriqué, s'allongeant beaucoup après la fleuraison. Pé
doncules dressés, tous beaucoup plus courts que le calice, nais
sant à l'aisselle de deux bractées assez larges, ovales ou oblongues
blanchâtres dans leur moitié inférieure. Calice tubuleux, enflé
cylindrique après la floraison, à 10 nervures et veiné en réseau
transversalement, couvert d'une pubescence courte et appliquée;

à dents larges, ovales, membraneuses sur les bords, à peine égales au quart du tube. Pétales blanchâtres en dessus, d'un vert livide en dessous, à limbe étroit bifide et couronné, à onglet linéaire plus long que le limbe. Capsule dépassant un peu le calice, oblongue, arrondie à la base, portée sur un carpophore assez court, s'ouvrant par des dents courtes et peu réfléchies, assez resserrée vers l'ouverture. Feuilles obovées ou oblongues, atténuées en pétiole à la base, plus ou moins rétrécies au sommet; les supérieures sublinéaires. Tige dressée, simple ou rameuse, à rameaux dressés, fort peu étalés, et souvent arqués en dedans à la maturité. Plante annuelle, de 3 à 5 déc., à pubescence courte et finement glanduleuse au sommet.

Il est assez commun dans les départements les plus méridionaux de la France, et croît dans les lieux incultes ou aux bords des champs. Je l'ai récolté aux environs de Marseille, Toulon, Nice, Nîmes, Montpellier, Perpignan, etc., et à Tain (Drôme), un peu au nord de la région des oliviers. Il fleurit en mai. Les fleurs sont au nombre de 6-12, rarement 3-6, dans chaque épi terminal; l'inférieure est toujours assez écartée des autres, mais ne se trouve jamais placée dans la dichotomie des rameaux. Les pétales restent enroulés pendant le jour, et ne s'ouvrent que vers l'entrée de la nuit, comme dans beaucoup d'autres espèces voisines. Les étamines ont les filets glabres et les anthères ovales-oblongues. Les styles sont dressés et égaux à l'ovaire. Les dents de la capsule sont médiocrement étalées, et réfléchies seulement au sommet. Les graines sont d'un brun cendré, arrondies-réniformes avec un bord épais et saillant, et finement chagrinées. Les feuilles sont d'un vert un peu cendré, très-brièvement pubescentes, souvent ciliées vers leur base, et munies, ainsi que le bas de la tige, de quelques poils mous et blanchâtres.

Silene brachypetala Rob. et Cast.

De Candolle, Fl. fr. 5, p. 607.

Fleurs peu nombreuses, distantes, presque unilatérales, souvent solitaires à l'extrémité des rameaux ou dans leur dichotomie. Pédoncules dressés, plus courts que le calice ou presque aussi longs, naissant à l'aisselle de deux bractées linéaires entièrement herbacées. Calice tubuleux, enflé-cylindrique après la floraison, 10 nervures et veiné en réseau transversalement, couvert de poils courbés-appliqués qui sont entremêlés de poils lâches plus allongés, à dents étroites, lancéolées-acuminées, peu membraneuses sur les bords, égalant ou dépassant en longueur le quart du tube. Pétales ordinairement inclus, d'un jaune verdâtre, oblongs-linéaires, à limbe émarginé court et presque confondu avec l'onglet. Capsule incluse et toujours dépassée par les dents du calice, oblongue, arrondie à la base, portée sur un carpophore très-court, s'ouvrant par des dents courtes et étalées-réfléchies, peu ou point resserré à l'ouverture. Feuilles obovées ou oblongues, cunéiformes à la base, peu ou point rétrécies au sommet; les supérieures sublinéaires. Tige dressée, simple ou rameuse, à rameaux très-ouverts et pauciflores, arqués en dedans à la maturité. Plante annuelle de 1 à 3 déc., à pubescence courte et finement glanduleuse au sommet.

Il croît dans les lieux secs, sur les pelouses maritimes et le long des routes, à Montredon près Marseille. Il fleurit en mai. Les fleurs sont au nombre de 1 à 3, rarement 4-6, au sommet des rameaux. Je n'ai jamais vu de fleurs dont les pétales soient saillants hors du calice; mais je crois que ce cas doit se présenter quelquefois. Il est certain toutefois que cet état d'avortement ne tient pas à l'aridité du sol; la culture en fournit la preuve. Les étamines et les styles offrent peu de différence d'avec ceux du

S. nocturna. Les graines ne diffèrent que par leur grosseur un peu moindre et leur couleur moins cendrée. La pubescence des feuilles et de la tige paraît la même ; seulement le calice offre des poils plus lâches et plus allongés.

Il résulte des descriptions qui précèdent que le *S. brachypetala* Rob. et Cast. diffère du *S. nocturna* L. par ses fleurs plus distantes et beaucoup moins nombreuses; ses pédoncules moins courts; ses bractées plus étroites et toujours vertes; ses calices plus hispides, à dents moins larges et plus étroitement membraneuses aux bords ; ses pétales subavortés, inclus, jaunâtres, moins profondément bifides ; sa capsule toujours enfermée dans le calice, plus petite, moins resserrée à l'ouverture, à dents courbées davantage en dehors; ses feuilles plus cunéiformes à leur base ; sa tige plus basse et à rameaux plus étalés. Ces différences me paraissent plus que suffisantes pour constituer deux excellentes espèces dans un genre très-naturel; elles sont d'ailleurs constantes, et ces deux plantes, cultivées l'une à côté de l'autre, conservent un aspect si différent qu'on ne peut hésiter à les distinguer, d'après le seul faciès et sans aucune étude préalable.

II. Les *S. gallica* L., *anglica* L., *quinque vulnera* L., *lusitanica* L., doivent-ils être réunis comme appartenant à une seule et unique espèce? C'est une question que plusieurs auteurs, dont l'opinion est d'un très-grand poids, ont résolue affirmativement. Cependant, je ne pense pas qu'elle doive être considérée comme définitivement tranchée; car, les raisons qui ont été données pour motiver cette réunion, ne paraissent pas très-concluantes. On s'est appuyé principalement sur ce que les différences qui séparent ces espèces sont trop légères, et sur ce qu'elles sont très-difficiles à distinguer ; mais l'expérience nous apprend tous les jours que des plantes qu'on avait d'abord cru être les mêmes sont réellement différentes, étant limitées et constantes dans leur forme. J'ai cultivé de graines d'Hyères le *S. quinque vulnera* L., le même qui est cultivé fréquemment par les fleuristes, et je n'ai observé aucun changement dans sa forme ordinaire. Je l'ai trouvé aussi quelquefois dans les décombres autour de Lyon, provenant sans doute de graines venues du midi, et toujours conforme à la plante des environs de Toulon et d'Hyères. Il est très-reconnaissable à ses fleurs élégantes disposées en longs épis uni-latéraux et dressés à la maturité, ses pétales entiers, ses capsules faiblement dépassées par les dents du calice, et ses tiges assez allongées à rameaux dressés peu étalés.

Je cultive aussi depuis longtemps le *S. lusitanica* D. C., provenant de graines de Collioure (Pyr.-Or.) ; et cette plante se montre toujours bien distincte du *S. quinque vulnera* par son port et tout son aspect. Ses fleurs sont plus petites, moins nombreuses, disposées en épis assez courts et distiques, plus étalés à la maturité. Les dents du calice égalent ou dépassent en longueur le tiers du tube. Les pétales sont blanchâtres, très-petits, obliques, dentelés sur les bords. La capsule est toujours notablement plus courte que le calice, de forme moins allongée, et à dents plus étalées que dans le *S. quinque vulnera*. Les feuilles sont moins rétrécies vers leur base. La tige est beaucoup plus basse, très-ramifiée, à rameaux plus ouverts. Cette plante est certainement le *S. lusitanica* D. C. La description qu'il en donne, ainsi que celle de Duby. Bot. gall. p. 76, est assez exacte ; mais il paraît très-douteux que ce soit l'espèce Linnéenne. D'après Gussonne, la plante de l'herbier de Linné se rapporte au *S. hirsuta* Lag. qui est très-différent de l'espèce française.

Le *S. quinque vulnera* L. ne peut être confondu avec le *S. lusitanica* D. C., et je crois qu'il y a là deux espèces à séparer ; mais il reste à voir si les *S. gallica* L. et *anglica* L. sont des plantes différentes. Je n'ai encore pu ni les cultiver, ni les étudier à l'état frais, de sorte que j'hésite à porter un jugement sur eux. Le *S. gallica* ressemble singulièrement au *S. quinque vulnera*, par ses longs épis uni-latéraux et ses fleurs dressées ; mais ses calices sont plus courts et leur dents dépassent davantage la capsule qui parait plus ovale. Le *S. anglica* de l'ouest de la France et de l'Angleterre se rapproche du *S. lusitanica* par son port ; mais il est moins hérissé de poils ; ses feuilles sont plus atténuées à la base ; ses calices sont moins resserrés au sommet, les capsules étant presque égales aux dents.

Il me parait très-difficile de trouver, sur le sec, la véritable limite de ces plantes ; on ne peut également affirmer leur identité. N'étant pas en mesure de résoudre la difficulté qu'elles présentent, par des observations suffisantes, je n'ai voulu, dans cette note, que provoquer l'attention des observateurs sur une question qui est, à mon avis, encore pendante.

III. Le *S. exscapa* All. est une plante beaucoup plus connue et plus répandue dans les herbiers que le *S. brachypetala* Rob. et Cast., et qui n'en a pas moins été jugée encore plus sévèrement ; car nos meilleurs auteurs sont unanimes pour la rapporter en variété au *S. acaulis* L.; et, pour la plupart d'entre eux, elle n'est autre chose qu'un *S. acaulis* venu sur des rochers plus arides ou dans des régions plus alpines. Ayant observé ces deux plantes sur le col du Lautaret et au Mont-Cenis, où elles sont l'une et l'autre fort communes, et ayant remarqué que dans les pâturages secs où elles croissent en société, formant l'une à côté de l'autre d'amples gazons, elles paraissent toujours bien distinctes au premier aspect, j'ai conçu des doutes sur la valeur de cette opinion si généralement admise qu'elles appartiennent à une même espèce dont elles ne seraient que des modifications. Une étude attentive de l'une et de l'autre, faite sur le terrain, m'a bientôt convaincu qu'elles étaient au contraire beaucoup mieux caractérisées que beaucoup d'espèces incontestées du même genre, et qu'elles devaient avec d'autant plus de raison être regardées comme deux espèces distinctes. Depuis, j'ai obtenu le *S. exscapa* de semis. J'ai pu le voir dans mon jardin et constater qu'il était de tout point semblable aux individus que j'ai récoltés sur le Mont-Cenis et sur lesquels j'ai pris mes graines. En voici la description :

Silene exscapa All. Pl. 1, fig. C, 1 à 12.

Allioni, Fl. ped. 2, p. 83, t. 79, f. 2.

Pédoncules solitaires très-courts ou presque nuls. Calice oval
campanulé, à 10 nervures peu distinctes, glabre, rougeâtre a
sommet, à dents ovales ciliées dépassant le tiers du tube. Pe
tales d'un rose pâle, très-étalés, à limbe-elliptique tronqué ou u
peu échancré au sommet, à couronne formée de deux petites pro
tubérances. Etamines plus longues que les pétales. Capsule éga
lant ou dépassant un peu le calice, ovale, sessile à la base, s'ou
vrant en cloche par six dents dressées, peu courbées en dehors
ovales-lancéolées, fendues jusqu'au de là du tiers de sa longueu
Graines d'un brun-roux, réniformes, très-finement chagrinées,
papilles un peu saillantes sur le dos, peu visibles sur les côté
Feuilles courtes, très-étalées, d'un vert tendre assez pâle, l
néaires lancéolées, aiguës, un peu convexes en dessous, garnies d
cils sur les bords. Souche développée en rosette très-ample et très
dense, à ramifications extrèmement nombreuses, serrées les une
contre les autres, couvertes des feuilles anciennes desséchées
plus ou moins divisées supérieurement, toutes dressées ou niv
lées au sommet, terminées par une fleur solitaire à peine sai
lante hors des feuilles. Racine presque simple, profonde, vivace.

Il croît dans les paturages secs et sur les rochers de la régio
alpine, dans les Alpes du Dauphiné et de la Provence. Il fleur
en juillet et août. Les fleurs sont ordinairement au niveau de
feuilles; mais quelquefois les pédoncules sont un peu saillants
dépassent le calice en longueur; celui-ci est légèrement rétré
vers le sommet du pédoncule, et n'est point tronqué ou ombiliqu
à la base; sa longueur est de 3-4 mill.; les dents sont obtuses a
sommet et membraneuses aux bords. Les étamines sont à file
purpurins, à anthères d'un blanc jaunâtre et ovales-elliptique

L'ovaire est ovale, surmonté par trois styles verdàtres un peu divergents à leur sommet. La capsule est longue de 3 mill. sur 2 mill. de large ; les feuilles sont longues de 3 mill., très-aiguës, rarement un peu rétrécies à la base, peu ou point courbées en dehors.

Le S. *acaulis* L. Sp. pl. p. 603, se distingue du S. *exscapa*, par ses fleurs plus grandes, d'un rose vif, et non plus pâles comme l'a dit à tort Allioni. Ses pédoncules sont rarement plus courts que le calice, et atteignent souvent jusqu'à 2 et 3 cent. Le calice est oblong, tubuleux-campanulé, du double plus allongé que dans l'*exscapa*, à nervures plus saillantes, tronqué et sub-ombiliqué à la base à la maturité. Les pétales ont le limbe obo-vale, à échancrure plus profonde, et presque bifide. Les étamines sont plus courtes que les pétales et non plus longues, à filets le plus souvent blanchàtres, à anthères d'un jaune grisàtre et de forme évidemment plus oblongue. L'ovaire est exactement cylin-drique ; les styles sont blancs, dressés et rapprochés au som-met. La capsule est cylindrique, plus allongée, presque double du calice, portée sur un carpophore qui dépasse le tiers de sa lon-gueur, à dents assez courtes étroites et plus étalées. Les graines sont d'un brun grisàtre, d'un tiers plus grosses, assez déprimées sur le dos, plus également chagrinées, à rugosités non saillantes. Les feuilles sont d'un vert moins pâle, du double plus allongées, rétrécies aux deux extrémités, courbées en dehors, à nervure dor-sale plus saillante. Les ramifications de la souche sont couchées, flexueuses et souvent rampantes à la base, redressées et rassem-blées en rosettes beaucoup moins denses, mais souvent de plus grandes dimensions. Il croît dans les mêmes lieux, mais il des-cend souvent dans les régions plus basses des montagnes et aime les rochers un peu humides.

Les différences que présentent ces deux espèces sont si tran-chées et si nombreuses, qu'elles doivent être regardées comme surabondamment distinctes ; car, s'il fallait ne pas tenir compte

de ces différences, plus de la moitié des espèces du genre S**
lene serait à supprimer. Si de très-savants auteurs ont cru devoi**
réunir le *S. exscapa* au *S. acaulis*, cela provient sans doute d**
ce qu'ils ont mal étudié ses caractères, dans la persuasion où il**
étaient que cette plante n'est que le produit d'un sol aride. Ce qu**
prouve qu'aucun tact et aucun talent d'analyse ne sauraien**
suppléer entièrement à l'observation de la nature vivante.

Explication de la première planche.

Fig. A. Silene brachypetala Rob. et Cast.

1. La plante entière de grandeur naturelle.
2. Calice florifère.
3. Le même grossi.
4. Pétale grossi.
5. Étamine grossie.
6. Ovaire surmonté par les styles grossi.
7. Calice fructifère.
8. Le même grossi.
9. Capsule ouverte.
10. La même grossie.
11 et 12. Graine grossie.
13, 14 et 15. Feuilles de grandeur naturelle.

Fig. B. Silene nocturna L.

1. Fleur de grandeur naturelle.
2. Pétale de grandeur naturelle.
3. Calice fructifère.
4. Le même grossi.
5. Calice fructifère dépassé par la capsule ouverte.
6. Le même grossi.
7. Capsule.
8. La même grossie.
9 et 10. Graine grossie.
11, 12 et 13. Feuilles de grandeur naturelle.

Fig. C. Silene exscapa All.

1. Fragment de grandeur naturelle du gazon de la plante coupé transversalement.
2. Fleur de grandeur naturelle.
3. Pétale grossi.
4. Ovaire surmonté par les styles grossi.
5. Calice fructifère.
6. Le même grossi.
7. Capsule ouverte.
8. La même grossie.
9 et 10. Graine grossie.
11. Feuille.
12. La même grossie.

Fig. D. Silene acaulis L.

1. Fleur de grandeur naturelle.
2. Pétale grossi.
3. Ovaire surmonté par les styles grossi.
4. Calice fructifère.
5. Le même grossi.
6. Capsule.
7. La même grossie.
8 et 9. Graine grossie.
10. Feuille.
11. La même grossie.

GENRE LYTHRUM.

Ayant découvert dans une localité du midi de la France une espèce fort remarquable du genre *Lythrum* qui vient d'être signalée et décrite sous le nom de *L. geminiflorum* par Bertoloni, dans son Flora italica, v. 5, p. 17, j'ai cru utile d'en faire ici mention et d'indiquer avec détail ses caractères. En voici la description.

LYTHRUM GEMINIFLORUM Bert. Pl. 2, fig. A, 1 à 9.

Bertoloni, Fl. it. v. 5, p. 17.

Fleurs géminées à l'aisselle de presque toutes les feuilles. Pédicelles un peu plus courts que le tube du calice, munis inférieurement de deux petites bractées linéaires-lancéolées qui n'atteignent par leur sommet. Calice à tube campanulé-tubuleux, sub-cylindrique à la maturité; 4-5 ou rarement 6 dents externes, lancéolées, aiguës, dressées, égalant le tiers du tube; 4-5 ou rarement 6 dents internes, très-courtes, ovales-arrondies, apiculées, hispides à la pointe. Pétales très-petits, purpurins, obovés, à onglet court jaunâtre, souvent nuls. Etamines plus courtes que le tube, insérées vers son tiers inférieur. Style à peine égal au tiers de l'ovaire, non saillant hors du tube. Stigmate capité, à papilles courtes. Capsule elliptique, obtuse, à peine saillante, s'ouvrant au sommet en 4 valves très-courtes. Graines obovées-oblongues, de couleur pâle, irrégulièrement convexes en dehors, aplanies-concaves sur la face interne. Feuilles toutes alternes, dressées-étalées, linéaires, un peu rétrécies et aiguës au sommet, atténuées vers la base, d'un vert très-pâle en-dessous, glabres, très-entières, avec la marge finement denticulée. Tige dressée, rameuse, glabre, munie de lignes saillantes; rameaux dressés-

étalés, flexueux, ascendants au sommet. Racine annuelle, pivotante, rameuse. Plante de 2 à 4 déc.

J'ai récolté cette espèce sur les bords de l'étang de Jonquières
près Beaucaire (Gard), en août 1841. Le calice est de forme
beaucoup moins tubuleuse que dans les autres espèces de *Lythrum*;
sa longueur n'est que de 1 1/2 à 2 mill. Les pétales n'ont que
1 mill. de long, et leur nombre est très-variable. Les étamines
sont au nombre de 6. Le style est long de 1/4 mill. La capsule
est rougeâtre, un peu toruleuse, à sillon latéral atteignant presque au sommet; sa longueur est de 1 2/3 mill. et sa largeur de
1 1/6 mill. Le placentaire offre un angle central assez saillant et
se prolonge presque jusqu'au sommet de la capsule. Les graines
sont couvertes de poils très-courts appliqués sur le testa, à l'état
sec, comme dans beaucoup d'espèces des genres *Lythrum*, *Peplis*
et *Ammania*. Les feuilles sont généralement fort étroites; leur
largeur varie de 1/2 à 4 mill., et leur longueur de 5 à 16 mill.

Le caractère des fleurs géminées distingue très-bien cette
espèce des *L. hyssopifolium* L., *thymifolium* L., etc., dont elle a le
port. La forme de son calice qui est beaucoup moins tubuleux-
cylindrique, ainsi que le nombre des dents qui est ordinairement
de 8 quelquefois de 10, très-rarement de 12 sur un même pied,
la rapprochent des *Ammania*. La face interne des graines est
presque aussi concave que dans les *Peplis* et les *Ammania*; ce
qui tend à montrer l'extrême affinité de ces divers genres qu'aucun caractère solide ne sépare.

J'ai trouvé, dans la même localité que l'espèce que je viens de
décrire et en grande abondance, le *Lythrum tribracteatum*
Salzmann que beaucoup d'auteurs ont rapporté en synonyme ou
en variété au *L. thymifolium* L. et qui est, à mon avis, une
plante tout-à-fait distincte. Gussone, dans son Synopsis fl. Sic. 1,
p. 526 et 2, p. 827, le décrit très-bien, en accompagnant sa
description de notes critiques fort judicieuses; mais il lui donne
le nom de *L. dibracteatum* Salz., tandis qu'il a été réellement

nommé *L. tribracteatum* par cet auteur. Il paraît qu'il n'offre
la base des pédicelles que deux bractées, et non trois comme l
nom l'indique. Je n'ai, du moins, pu voir que deux bractées
aussi bien sur les exemplaires que m'a envoyés M. Salzmann qu
sur ceux que j'ai récoltés. Les observations de Gussone s'accor
dent sur ce point avec les miennes. Il résulte de là que le nor
imposé à cette plante est dù à une erreur et ne peut être con
servé. Convient-il de le nommer *L. dibracteatum*, comme le fa
Gussone? Je ne le pense pas; car toutes les espèces voisines d
genre *Lythrum*, sans exception, telles que les *L. hyssopifoliu*
L., *thymifolium* L., *Græfferi* Ten., *Preslii* Guss. *geminiflorur*
Bert., etc,, ayant également les pédicelles munis de deux brac
tées, on ne peut tirer un nom spécifique de ce caractère: e
raison de cela, je proposerai de désigner cette espèce sous le nor
de *L. Salzmanni*. En voici la description:

LYTHRUM SALZMANNI (N.), pl. 2, fig. B, 1 à 10.

L. tribracteatum Salzm. in D. C. Pr. 3, p. 81. — *L. dibracteatu*
Guss. Syn. Fl. Sic. 1, p. 526.

Fleurs solitaires à l'aisselle de presque toutes les feuilles
Pédicelle court, muni vers le milieu de deux bractéoles linéaires
lancéolées qui le dépassent un peu. Calice à tube linéaire, d'abor
un peu élargi au sommet, à la fin égal, à 12 dents très-courtes
6 externes ovales-obtuses, dressées, un peu rudes; 6 interne
ovales-arrondies, hispides à la pointe. Pétales 4-6, assez petits
purpurins, obovales-oblongs, rétrécis en onglet jaunâtre. Etamine
plus courtes que le tube, insérées vers son tiers inférieur. Styl
égal à l'ovaire, non saillant. Stigmate capité, à papilles asse
courtes. Capsule oblongue-linéaire, obtuse, à peine égale au tube
s'ouvrant au sommet en 4 valves très-courtes. Graines oblongues
rétrécies un peu au sommet et davantage à la base, de couleu
pâle, convexes sur la face externe, aplanies sur l'autre. Feuille

presque toutes alternes, irrégulièrement distantes, étalées-déjetées, oblongues, très-obtuses, atténuées inférieurement, d'un beau vert, peu visiblement denticulées à la marge. Tige dressée, flexueuse, très-ramifiée un peu au-dessus de la base, anguleuse presque ailée, glabre; rameaux très-étalés, la plupart très-contournés ou déjetés. Racine annuelle, très-rameuse. Plante de 1 à 2 déc.

Cette espèce croit dans les marécages, aux environs de Montpellier, d'où je l'ai reçue de MM. Salzmann et Dunal. Elle vient en quantité sur les bords de l'étang de Jonquières (Gard), et probablement dans beaucoup d'autres localités de la même région. Elle fleurit de mai en septembre, comme les espèces voisines du même genre. Le calice est long de 3-6 mill. Les pétales sont longs de 2 mill. sur 1 mill. de large, d'une belle couleur purpurine, et non bleuâtres comme les décrit Gussone, jaunâtres dans leur moitié inférieure; leur nombre varie de 4 à 6 sur un même pied. Les étamines sont ordinairement au nombre de 6. Le style est long de 2 mill. La capsule est longue de 5 mill. sur 1 mill. de large. Le placentaire est prolongé jusque près du sommet. Les graines sont brièvement hispidules, et paraissent lisses à l'état sec. Les feuilles caulinaires sont longues de 8 à 12 mill. et larges de 2-4 mill.; les raméales sont longues de 5-8 mill. et large de 1 à 2 mill.

Le *L. thymifolium* L. se distingue du *L. Salzmanni* par des caractères fort tranchés. Dans cette espèce, les pédicelles sont presque nuls et très-épaissis. Les calices sont plus rapprochés de l'axe des rameaux, à dents moins nombreuses; les extérieures beaucoup plus longues et plus étroites, linéaires, aiguës, très-rudes, presque égales au tiers du tube. Les pétales sont plus petits, moins allongés, de couleur uniforme et non jaunâtres dans leur moitié inférieure. Le stigmate est plus petit. La capsule est plus courte. Les graines sont de forme un peu moins allongée, anguleuses et convexes sur les deux faces, plus pâles et plus grosses. Les feuilles sont plus étroites, linéaires-elliptiques,

souvent un peu aiguës au sommet, presque égales et non très-
atténuées à la base, toutes dressées et non étalées-déjetées,
plus rapprochées, denticulées aux bords et souvent rudes sur
les faces. La tige est dressée, à rameaux tous dressés-étalés
et ascendants, non déjetés, beaucoup moins anguleux-ailés. Je
l'ai recueilli au bois de Gramont près Montpellier et dans plusieurs localités de la forêt des Maures, près Hyères et le Luc, où
il croît dans des lieux qui ont été inondés pendant l'hiver.

On ne peut que s'étonner qu'on ait songé à rapprocher deux
espèces qui sont d'un aspect si différent et n'ont pas même une
grande affinité. Le *L. thymifolium* est bien plus voisin du
L. hyssopifolium L. dont il a le port, mais dont il s'éloigne par la
petitesse de toutes ses parties et d'autres différences assez
notables. La plante qui croît aux bords du lac de Gramont,
d'après mes exemplaires et ceux que m'a donnés M. Salzmann,
n'est pas tout-à-fait identique avec celle de la forêt des Maures;
elle a cela de remarquable que les deux bractéoles qui sont situées
à la base du calice ne sont pas membraneuses-blanchâtres,
comme dans toutes les autres espèces, mais en tout semblables aux feuilles ordinaires, étant seulement plus petites et à
peine de la longueur du calice. En outre, les feuilles offrent à
leur aisselle, indépendamment de la fleur avec ses deux bractées
foliacées, des petits bourgeons de rameaux stériles; elles sont
souvent très-rapprochées en un même point et comme fasciculées.
La capsule est aussi un peu plus courte. Mais, nonobstant ces
différences, je ne doute pas que les deux plantes n'appartiennent
à la même espèce, en raison de la similitude complète du port,
des feuilles, des fleurs et des graines. La plante du lac de Gramont
croît souvent étouffée parmi des herbes plus hautes, ce qui peut con-
tribuer à donner une forme anormale à quelques-uns de ses organes.

Le *L. hyssopifolium* L. qui est une plante assez répandue
dans les fossés et les lieux humides, soit en France, soit dans
les autres contrées de l'Europe, se présente sous deux formes

quelque peu différentes, mais entre lesquelles il n'existe, je crois, aucune limite.

Dans la forme ordinaire, les dents du calice sont assez étalées après la floraison, et conniventes seulement à la maturité; les pétales sont très-petits; les feuilles sont généralement rétrécies vers la base et assez aiguës au sommet, surtout les raméales; elles sont souvent fort étroites; ce qui rend les petits individus de cette plante très-semblables à ceux du *L. thymifolium* L.; mais, dans ce dernier les feuilles sont d'un vert beaucoup plus pâle; elles sont plus égales dans leur forme, plus rudes sur les faces. Le calice le fait aussi reconnaître, n'ayant toujours que 8 dents au lieu de 10-12, et les nervures du tube étant plus rudes et plus saillantes.

La seconde forme du *L. hyssopifolium* qui est surtout fréquente dans les lieux humides de la région méditerranéenne, à Toulon, à Perpignan, en Corse, est remarquable par ses fleurs un peu plus grandes; ses calices à dents moins étalées et très-conniventes à la maturité, à pédicelle un peu plus court; ses feuilles plus larges et plus obtuses, à base plus arrondie et quelquefois même subcordée dans les caulinaires inférieures. Sa tige est généralement moins diffuse, à rameaux moins effilés et un peu plus anguleux. Si la première forme se rapproche davantage du *L. thymifolium*, celle-ci a, au contraire, plus de ressemblance avec le *L. Græfferi* Ten.; mais, après un mûr examen, je reste persuadé que ces deux formes ne sont simplement que les deux états extrêmes d'une même plante et que, étant cultivées de graines, elles se montreraient identiques.

Le *L. Græfferi* Ten. et le *L. Preslii* Guss. sont deux plantes dont la limite ne me paraît pas clairement indiquée dans les auteurs, et qui très-probablement ne représentent que deux états extrêmes d'un même type, analogues à ceux du *L. hyssopifolium* L., dont je viens de parler. En effet, le *L. Preslii*, d'après les exemplaires que j'ai reçus de Sicile et d'après la description donnée par Gussone,

Syn. Fl. Sic. 1, p. 524, ne me paraît différer du *L. Græfferi* que par ses fleurs plus grandes, ses feuilles plus larges et un peu en cœur à la base, sa tige plus dressée et à angles plus saillants. J'ai recueilli une forme semblable au cap de la Croisette près Cannes, et je l'ai reçue conforme de Grèce et de Sicile. Les étamines sont au nombre de 12 dont 6 saillantes. Quelquefois les 6 étamines saillantes manquent, quelquefois ce sont, au contraire, les incluses qui avortent. Le style est tantôt très-saillant, tantôt inclus lorsque l'avortement de l'ovaire a lieu; et l'on trouve des individus dont toutes les fleurs sont pourvues d'un long style saillant, tandis que chez d'autres le style n'est jamais apparent. Le même cas se présente dans plusieurs autres espèces.

Le *L. Græfferi* Ten., dans son état ordinaire, a les fleurs de grandeur moyenne, les feuilles assez étroites, un peu aiguës au sommet, arrondies, mais rarement cordées à la base; les tiges diffuses, à rameaux assez effilés. Il est toujours très-facile à distinguer du *L. hyssopifolium* L. par ses fleurs bien plus grandes; ses calices à dents beaucoup moins inégales, plus larges et moins étalées; sa capsule toujours notablement plus courte que le tube du calice et non de même longueur. Le style est aussi bien plus allongé et les étamines sont plus saillantes.

J'ai recueilli à Bonifacio (Corse) une forme du *L. Græfferi* Ten. qui a été indiquée comme étant le *L. flexuosum* Lag., mais qui diffère uniquement du *L. Græfferi* par ses tiges très-allongées, à rameaux flexueux très-effilés, et ses pétales plus tachés de blanc à la base. Il me paraît évident qu'il ne peut être rapporté au *L. flexuosum* Lag. qui, d'après la description donnée par Lagasca, Gen. et sp. pl. p. 16, aurait les calices fructifères étalés horizontalement et les pétales ovales subcordés.

Je ne connais pas le *L. acutangulum* Lag. dont la description me paraît convenir exactement au *L. Græfferi* Ten. Le *L. maculatum* Boiss. et Reut., qui croît à Madrid, est très-rapproché du *L. Græfferi* de Corse par ses fleurs, mais il est plus grêle, plus

diffus, et bien distinct par ses calices dont les dents sont très-iné=
gales, et les nervures saillantes et sub-ailées.

Obs. En indiquant les caractères des quatre espèces du genre
Peplis qui appartiennent à la flore française, dans le troisième
fragment de mes Observations, j'ai décrit par mégarde l'ovaire
comme étant hérissé de petits poils, tandis qu'il est toujours glabre.
Ce sont les ovules que j'avais en vue, et c'est à eux que doit s'ap=
pliquer ce que j'ai dit de l'hispidité de l'ovaire. La présence de ces
poils sur le testa des graines des *Peplis* et des *Lythrum* n'a, je
crois, pas été signalée. Elles paraissent lisses dans l'état de
siccité; mais, si on les tient humectées, on voit qu'elles sont toutes
hérissées de petits poils qui varient de longueur selon les espèces.

Explication de la deuxième planche.

Fig. A. Lythrum geminiflorum Bert.

1. Fragment de la plante de grandeur naturelle.
2. Calice florifère grossi.
3. Coupe transversale du même.
4. Pétale grossi.
5. Calice fructifère grossi.
6. Capsule grossie.
7. Graine grossie.
8 et 9. Feuilles.

Fig. B. Lythrum Salzmanni (N.).

1. Fragment de la plante de grandeur naturelle.
2. Fleur complète grossie.
3. Calice grossi.
4. Coupe transversale du même.
5. Pétale grossi.
6. Calice fructifère grossi.
7. Capsule grossie.
8. Graine grossie.
9 et 10. Feuilles.

GENRE CENTAUREA.

1. On trouve communément sur les collines, aux alentours Lyon, une plante voisine du *C. montana* L., qui a souve attiré l'attention des botanistes par ses feuilles très-étroites très-peu blanchâtres. Tournefort l'avait observée le premier ; elle est ainsi désignée dans son herbier : *Cyanus montanus Lu dunensis folio angustissimo viridi dentato*. Villars, dans Flore du Dauphiné, v. 3, p. 51, la rapporte, avec doute, variété au *C. montana* L., et observe que cette plante, cultiv par Liotard pendant dix ans en même temps que les *C. mo tana* L. et *seusana* Vill., ne s'est nullement modifiée, et qu'ain il est vraisemblable qu'elle est aussi une espèce distincte. Mais, il paraît, d'après les synonymes cités par lui et d'après sa descri tion, qu'il ne s'était pas fait une idée bien nette de cette plante d environs de Lyon, et qu'il la confondait avec une autre plante co mune à Gap, laquelle il paraît avoir eue en vue principalemen lorsqu'il fait la comparaison de sa variété *b* du *C. montana* L. av le type de l'espèce. Il dit en effet que cette variété *b* a les feuill plus blanches que le *C. montana*, tandis que le contraire a li dans la plante de Lyon qui est toujours *folio viridi*, comme l'i dique Tournefort. Il dit aussi que les feuilles inférieures ont souve une ou deux grosses dents irrégulières d'un seul côté. Dans plante de Lyon, elles paraissent entières ou n'offrent que très-petites dents à peine visibles sur les bords. Cette confusi a été cause de l'embarras qu'a éprouvé Villars pour démêler caractères de sa variété *b* et la séparer du *C. montana* véritab La plante de Lyon ne me paraît pas la même que celle des enviro de Gap ; et j'ai lieu de croire que l'une et l'autre sont différent du *C. montana* L. Je cultive depuis assez longtemps la premiè à côté du *C. montana*; et en voyant chaque année ces deux plan

se reproduire d'elles-mêmes de leurs graines, en quantité, sans éprouver aucune modification, il m'est impossible de douter que ce ne soient deux excellentes espèces. La plante des environs de Gap ne m'est pas aussi bien connue, car je ne l'ai pas encore vue se reproduire de ses graines ; mais je la possède également vivante, et je n'hésite pas à la considérer comme suffisamment distincte du *C. montana* avec lequel elle a beaucoup plus d'affinité réelle que celle de Lyon. Je vais commencer par la description de cette dernière.

CENTAUREA LUGDUNENSIS (N.), pl. 3, fig. A, 1 à 12.

C. montana var. b. Villars, Fl. Dauph. 3, p. 51, (en partie.) — *Cyanus montanus lugdunensis folio angustissimo viridi dentato* Tournef. Herb.

Capitules solitaires au sommet des tiges ou des rameaux. Involucre ovale-arrondi, peu renflé à la base ; folioles ovales-lancéolées, munies d'une bordure scarieuse noirâtre, élargie au sommet, assez régulièrement incisée-ciliée ; cils bruns, aplanis, linéaires, acuminés, rapprochés, dépassant la largeur de la bordure. Fleurs du centre d'un pourpre-violacé ; celles de la circonférences stériles, très-grandes, rayonnantes, d'un violet bleuâtre ou rarement purpurines. Akènes grisâtres, finement pubescents, très-barbus à l'ombilic, oblongs, peu comprimés, de forme égale et un peu rétrécis vers la base ; aigrette rousse, égalant 1/2 de l'akène. Feuilles dressées-étalées, un peu ondulées, vertes, point molles, parsemées sur les deux faces de très-petits poils un peu courbés, à bords entiers ou munis de quelques dents courtes cachées sous un duvet cotonneux aranéeux qui est souvent épars sur le limbe ; les radicales et caulinaires très-inférieures linéaires-lancéolées, rétrécies et aiguës au sommet, atténuées en pétiole à la base ; les caulinaires moyennes et supérieures atténuées et acuminées au sommet, presque égales vers la base, très-étroitement et assez brièvement décurrentes. Tige assez grêle, dressée, point raide,

simple ou un peu rameuse vers le haut, anguleuse, relevée de
7-8 côtes peu saillantes, peu ailée, très-feuillée jusqu'au sommet.
Souche un peu ramifiée, noueuse, à rhizômes très-courts, dressés,
rapprochés, peu ou point ascendants à la base, à fibres allongées
assez épaisses. Plante de 3 à 5 déc.

Cette espèce croît dans les pâturages secs et parmi les bois des
collines, surtout dans les terrains calcaires. Elle est fort commune
aux environs de Lyon et fleurit en juin. Dans les lieux secs, ses
tiges sont souvent solitaires et uniflores ; mais, dans les lieux un
peu frais et fertiles, elles sont plus nombreuses et deviennent
très-rameuses à rameaux dressés, peu étalés, plus ou moins divisés
et tous terminés par un capitule. Les involucres ont environ
1 cent. de longueur et autant de largeur ; ils sont quelquefois
légèrement rétrécis dans le bas. Les folioles sont imbriquées, assez
appliquées, presque toutes à découvert à leur sommet, d'un vert
pâle, marquées de nervures très-fines à peine visibles ; les extérieures plus courtes, à bordure très-étroite et visible presque jusqu'à la base ; les intérieures plus étroites, à bordure moins pro-
longée sur les côtés, plus dilatée et roussâtre au sommet ; les cils
sont assez rembrunis à la base et d'un roux très-clair à leur extrémité ; ils n'égalent pas tout-à-fait deux fois la largeur de la bordure. Dans les fleurs du centre, le tube de la corolle est courbé
et comprimé ; le limbe est ovale, ventru, sillonné-anguleux, resserré au sommet, terminé par 5 dents dressées conniventes.
Dans les fleurs de la circonférence, le limbe de la corolle est
presque à deux lèvres et divisé profondément en 5 lanières linéaires,
longues de 1 cent., dont l'inférieure est souvent bifide. Les anthères sont d'un bleu noirâtre. Les stigmates sont violacés, étalés.
Le réceptacle est garni de paillettes fines et allongées. L'akène
est lisse et luisant, d'abord blanchâtre, à la fin gris, muni de
poils épars fins et très-courts, marqué de nervures longitudinales
très-fines et peu visibles, dont deux ou trois plus prononcées.
L'aigrette est d'abord blanche puis rousse, à poils inégaux fine-

ment sétuleux-hispides. Les feuilles sont longues, très-étroites et acuminées, le plus ordinairement très-entières, ondulées, à côte dorsale assez saillante, toujours d'une couleur verte et plus ou moins aranéeuses. Les tiges sont souvent légèrement flexueuses.

Le *C. montana* L. Sp. pl. p. 1289, se distingue du *C. lugdunensis* par ses capitules un peu plus gros; ses involucres à folioles plus oblongues et munies d'une bordure noire plus large, dont les dents sont moins fines également noirâtres et dépassent à peine sa largeur; ses akènes blanchâtres, plus gros, plus comprimés, un peu plus rétrécis au sommet et un peu moins à la base, surmontés d'une aigrette blanche ou purpurine qui égale à peine le quart de leur longueur; ses feuilles très-planes, très-molles, blanchâtres dans le jeune âge de la plante, beaucoup plus larges, à nervures principales plus étalées, très-entières sur les bords; les radicales assez courtes, elliptiques-oblongues, bien moins rétrécies en pétiole, un peu obtuses au sommet; les caulinaires oblongues-lancéolées, moins acuminées, rétrécies et non égales à la base, longuement décurrentes; sa tige plus souvent uniflore, plus épaisse et plus largement ailée; sa souche beaucoup plus étendue, émettant des rhizômes stoloniformes grêles, allongés et longuement ascendants. Il habite les prairies et les bois des montagnes, et descend rarement sur les collines. On le rencontre fréquemment dans les montagnes granitiques, où il est presque toujours à feuilles très-entières. Il est plus rare dans les régions calcaires du Jura et des Alpes, et s'y présente quelquefois avec des feuilles un peu sinuées-dentées et plus blanches. Cette forme, qui est d'ailleurs très-semblable par les folioles de l'involucre, mérite d'être examinée.

Le caractère de la souche est très-tranché et peut suffire à lui seul pour distinguer ces deux espèces sans aucune hésitation. En effet, le *C. montana* forme une touffe très-lâche et s'étend rapidement dans un sol fertile, sa souche émettant un grand nombre de stolons qui atteignent quelquefois jusqu'à 15 ou 20 centim., tandis que le *C. lugdunensis*, placé dans les mêmes conditions, occupe toujours un espace très-resserré, sa souche devenant de plus en plus épaisse et multicaule avec l'âge, mais n'émettant jamais aucun rhizôme stoloniforme. En outre, les feuilles, qui sont dans le *montana* molles blanchâtres et toujours très-planes, dans le *lugdunensis* toujours vertes et ondulées, donnent à ces deux plantes un aspect bien différent.

Miller, Dict. 2, p. 265, parle d'une espèce de *Centaurea* qu'il désigne sous le nom de *C. angustifolia*, qui aurait les feuilles plus étroites et plus vertes que le *C. montana*; ce qui peut s'appliquer au *C. lugdunensis*; mais il ajoute que ses racines rampent au loin et s'étendent considérablement, ce qui ne lui convient pas du tout. Je ne pense pas qu'il ait voulu désigner l'espèce que je vais décrire, qui a les feuilles plus blanches que le *C. montana* et les rhizômes plus courts.

Centaurea semi-decurrens (N.), pl. 5, fig. B, 1 à 8.

Capitules solitaires ou quelquefois géminés au sommet des tiges et des rameaux. Involucre ovale-arrondi; folioles ovales-lancéolées, munies d'une bordure scarieuse brune ou un peu noirâtre, élargie au sommet, assez régulièrement incisée-ciliée; cils d'un roux très-pâle, aplanis, linéaires, acuminés, rapprochés, dépassant la largeur de la bordure. Fleurs du centre d'un pourpre violacé; celles de la circonférence stériles, rayonnantes, d'un violet bleuâtre. Akènes grisâtres, finement pubescents, barbus à l'ombilic, oblongs, un peu rétrécis au sommet et à la base, un peu comprimés, longs de 5 1/2 mill. sur 2 3/4 mill. de large; aigrette grisâtre, égalant 1/6 de l'akène. Feuilles dressées-étalées, assez planes, blanches-cotonneuses dans le jeune âge de la plante, à la fin un peu vertes et aranéeuses, point molles; les radicales lancéolées, aiguës, rétrécies en pétiole à la base, entières ou le plus souvent sinuées-dentées; les caulinaires oblongues ou linéaires-lancéolées, à bords légèrement sinués ou entiers, un peu acuminées au sommet, la plupart rétrécies et sémi-décurrentes à la base. Tige dressée, simple ou plus souvent rameuse, très-anguleuse, cotonneuse, peu ailée, feuillée jusqu'au sommet. Souche à rhizômes un peu rampants et ascendants, à fibres allongées assez épaisses. Plante de 3 à 4 déc.

Cette plante croît sur les montagnes calcaires, aux environs de Gap et de Sisteron, où elle ne paraît pas rare. Je présume que c'est elle que Villars indique à Menteyer près Gap, d'après Chaix, à moins que la plante dont il parle ne soit le *C. montana* à feuilles sinuées des terrains calcaires. J'en possède des individus vivants que j'ai rapportés de la montagne de St-Genis-le-Désolé près Serres (Hautes-Alpes). Elle fleurit en juin. Les involucres sont arrondis à la base et égalent à peine 1 cent. en longueur et en largeur. Les folioles sont assez larges, d'un vert très-pâle, à nervures très-fines, à bordure étroite brune ou roussâtre rarement un peu noirâtre à sa base, à cils d'un roux très-pâle et presque blanchâtres courts sétuleux. Les fleurs de la circonférence sont assez petites, à lanières longues de 5-6 mill. Les stigmates sont très-recourbés. L'akène est lisse et un peu luisant, muni de petits poils épars, à nervures peu visibles. Les feuilles caulinaires sont assez courtes et ont les bords faiblement ondulés, rarement très-entiers. Les tiges sont peu épaisses et de taille peu élancée.

Cette espèce est remarquable par ses capitules souvent géminés au sommet des rameaux, ce que je n'ai jamais vu dans le *C. montana*, ni dans le *C. lugdunensis*. Ses fleurs sont un peu plus petites que dans ces deux espèces. Ses involucres ont les folioles plus élargies, plus pâles, à bordure plus étroite et bien moins noirâtres, à cils fins courts et très-pâles. Ses akènes sont plus grisâtres que ceux du *montana*, plus étroits à la base, à ombilic moins large, à aigrette encore plus courte. Ses feuilles sont plus étroites, plus blanches, moins molles, assez fermes, plus courtes, semi-décurrentes à la base et non décurrentes d'une feuille à l'autre ; elles sont généralement un peu sinuées, surtout les radi-

cales, qui offrent une ou deux grosses dents de chaque côté. L
souche émet des rhizômes rampants un peu plus courts. Le
C. montana des montagnes calcaires, dont j'ai parlé, s'en rappro
che davantage par ses feuilles radicales sinuées; mais il a le
feuilles caulinaires bien plus décurrentes, aussi allongées et auss
molles que dans le *montana* véritable. Ses involucres sont sem
blables à ceux de ce dernier, ou à bordure encore plus large e
plus noire.

Le *C. mollis* Waldst. et Kit. Pl. rar. hung. v. 2, p. 243
t. 219, diffère du *C. semi-decurrens* par ses folioles de l'invo
lucre à bordure noire; ses feuilles toujours molles et plus dentées
ses tiges très-simples et uniflores; sa souche à rhizômes très-allon
gés. A mon avis, il est différent du *C. montana* L., auquel il es
souvent rapporté, par ses feuilles sémi-décurrentes et toutes den
tées dans le haut de la plante; ses rhizômes du double plus épai
et encore plus allongés.

Le *C. Fischeri* Willd. En. suppl. p. 61, est une plante d'Orien
assez douteuse. J'ai reçu sous ce nom, de M. Buchinger, des exem
plaires provenant de la Styrie et envoyés par Brittinger, qu
me paraissent fort remarquables. Les capitules sont de la grosseu
et de la forme de ceux du *C. montana*. Les cils des folioles son
bruns, allongés, égalant deux fois la largeur de la bordure qu
est noire. Les fleurs de la circonférence sont purpurines. Le
feuilles sont blanches-cotonneuses, très-peu ou point décurrentes
lancéolées-linéaires, entières dans le haut de la plante, profondé
ment sinuées-dentées dans le bas. La tige est ferme, basse, sim
ple, uniflore, cotonneuse. La souche paraît épaisse et totalemen
dépourvue de rhizômes rampants. Cette plante de Styrie est
à mon avis, le *C. Triumfetti* Willd. Sp. p. 2289, mais non pa
celui d'Allioni; et il est probable qu'elle diffère du vrai *C. Fischer*
d'Orient.

Le *C. seusana* Chaix in Vill. Fl. Dauph. v. 1, p. 565. —
C. variegata Lam. Dict. enc. 1, p. 668. — *C. axillaris* Willd

Sp. p. 2290 (en partie), est une plante plus grêle que celles qui
précèdent, à tiges presque toujours uniflores. Les capitules sont
de la grosseur de ceux du *C. montana;* les folioles de l'involucre
sont ovales-lancéolées, vertes, munies d'une bordure rembrunie
ou un peu noirâtre dont les cils sont d'un blanc argenté très-
brillant, surtout à leur sommet, et fort allongés, égalant deux ou
trois fois la largeur de la bordure. Les fleurs de la circonférence
sont grandes, d'une belle couleur bleue. Les feuilles sont blanchâtres, cotonneuses, très-étroites, linéaires ou linéaires-lancéolées,
non décurrentes à la base, sinuées-pinnatifides dans le bas de la
plante, entières dans le haut. La tige est grêle, un peu flexueuse,
dressée, simple, uniflore, cotonneuse. La souche émet des rhizômes grêles, très-allongés. Il croît à la montagne de Seuse, près
Gap. Je ne l'ai pas vu d'une autre localité.

J'ai vu dans l'herbier de M. Seringe de nombreux exemplaires
d'une plante récoltée au mont Ventoux par M. Requien, qui
paraît fort voisine du *C. seusana* Chaix, mais qui est peut-
être différente. La partie entière de la bordure est plus pâle et
plus étroite, à cils tout-à-fait argentés et égalant quatre ou cinq
fois sa largeur sur les côtés. Les feuilles sont également sessiles et
blanches-cotonneuses, mais beaucoup plus courtes, toutes entières
ou très-légèrement sinuées, linéaires ou linéaires-lancéolées, assez
égales dans leur forme, à peine un peu aiguës au sommet. La
tige est très-simple et uniflore, très-basse, haute de 5 à 10 cent.
La souche ne paraît pas rampante, tandis que celle du *C.
seusana* émet des rhizômes allongés fort grêles. Si ce caractère
de la souche, que je n'ai pas très-bien pu vérifier, existe réellement, la plante du Mont-Ventoux est certainement une espèce
distincte que je propose de nommer *C. Requieni.*

Le *C. tuberosa* Vis. de Dalmatie est parfaitement semblable au
C. seusana Chaix par l'involucre dont les folioles ne paraissent
offrir aucune différence; mais les feuilles sont bien plus étroitement linéaires, et la souche et la racine sont complètement diffé-

rentes ; celle-ci étant formée de véritables tubercules, comme ceux de plusieurs *OEnanthe*, et la souche étant presque nulle. Ce qui prouve de quelle importance est l'étude de ces organes dans les espèces de ce groupe, et fait voir qu'en les examinant avec attention on peut arriver à distinguer très-facilement des plantes qu'on avait considérées jusque-là comme identiques ou comme de simples modifications d'un même type.

Le *C. axillaris* Willd. Sp. p. 2289 (d'après la description)— Re, Fl. seg. p. 72. Colla, Herb. ped. v. 3, p. 258. — *C. seusana* Gaud. Fl. helv. v. 5, p. 399, est, à mon avis, une plante différente de celle de Chaix. Ses capitules sont axillaires et terminaux, assez petits. Ses folioles de l'involucre sont plus larges, d'un vert plus pâle, munies d'une bordure très-pâle ou un peu rembrunie inférieurement, dont les cils égalent à peine deux fois la largeur et sont plus uniformément blancs et moins argentés. Ses feuilles sont également blanchâtres-cotonneuses sur les deux faces, assez étroites, sinuées-dentées dans le bas de la plante, très-acuminées et terminées au sommet par une pointe fine, surtout dans le haut de la plante, assez longuement et étroitement décurrentes. La tige est dressée, raide, bien plus élevée et plus robuste, rarement uniflore, le plus ordinairement rameuse et multiflore, à rameaux peu étalés. La souche paraît épaisse et peu ou point rampante. Cette plante habite la Suisse italienne et le Piémont d'où je l'ai reçue de M. Delponte, provenant du mont-Musiné près Turin.

Le *C. seusana* Thomas Cat. exsicc. est une plante très-grêle du mont Salvadore près Lugano (Suisse italienne), qui me paraît fort remarquable et peut-être différente du *C. axillaris* Willd., aussi bien que du *C. seusana* Chaix dont elle s'éloigne surtout par les folioles de l'involucre, qui ont une bordure pâle fort étroite et des cils courts.

Le *C. Triumfetti* All. Fl. ped. 1, p. 158, est une plante fort douteuse qui paraît différer très-peu du *C. axillaris*. Wildenow,

Sp. p. 2289, le décrit avec des folioles de l'involucre à bordure brune, des fleurs purpurines, des feuilles sessiles non décurrentes et sinuées-pinnatifides ; mais sa plante est évidemment différente de celle d'Allioni, qui dit que les cils des folioles sont blancs et que les feuilles sont décurrentes. Ce dernier auteur ne parle pas de la couleur des fleurs rayonnantes, et je ne vois rien dans sa description qui ne puisse s'appliquer au *C. axillaris*, si ce n'est qu'il dit des feuilles : *constanter laciniatis*, et qu'il n'observe pas, en comparant sa plante au *montana*, qu'elle soit multiflore. Colla, dans l'Herb. ped. v. 3, p. 258, dit que le *C. Triumfetti* diffère du *C. axillaris* par sa tige uniflore, du *C. montana* par ses feuilles tomenteuses et par les cils des folioles de l'involucre plus allongés et blanchâtres. Je n'ai pas vu la plante du Mont-Cenis et du col de Fenestrel ; mais je possède des exemplaires du mont-Viso (Hautes-Alpes) qui sont probablement la même chose, car ils ne me paraissent différer du *C. axillaris* que par leur tige uniflore à capitule beaucoup plus gros, à folioles munies d'une bordure plus noirâtre et de cils plus allongés.

Le *C. stricta* Waldst. et Kit. Pl. rar. hung. v. 2, p. 194, t. 178, est rapporté en synonyme par la plupart des auteurs au *C. axillaris* Willd. Mais l'identité de ces deux plantes me semble très-douteuse. Celle de Hongrie paraît beaucoup plus robuste, à feuilles ondulées, plus courtes et plus entières ; et elle est certainement très-distincte, s'il est vrai que sa racine soit telle qu'elle est décrite et figurée par les auteurs cités. Ils la disent longue de plus d'un pied, égalant l'épaisseur d'un doigt, rameuse, couverte de fibrilles, surmontée au collet qui représente la souche par 3-5 tiges dressées raides et hautes de 2 pieds.

II. Le *C. procumbens* Balb. Misc. alt. 31, t. 1, est une espèce rare du Piémont qui n'a pas encore été signalée dans nos Flores et dont je pense qu'il est utile d'indiquer ici une localité française, l'ayant récoltée aux environs d'Annot (Basses-Alpes), près de la route, en venant à Colmars. M. Mutel, dans sa Flore française, indique le *C. procumbens* Balb. comme croissant dans l'Ardèche pêle-mêle avec le *C. pectinata L.* dont il ne serait qu'une variété. Il est probable que la plante de Balbis ne lui était pas connue, car elle est très-facile à distinguer du *C. pectinata*, non seulement par ses feuilles plus obtuses, toutes couvertes d'un tomentum épais très-blanc et persistant, ses tiges plus couchées et plus courtes, mais encore par les folioles de l'involucre dont l'appendice plumeux est beaucoup plus court, égalant à peine leur longueur dans les intermédiaires et plus brièvement recourbé; tandis que dans le *C. pectinata* les appendices égalent deux fois la longueur des folioles et sont très-longuement recourbés. Les feuilles, dans ce dernier, sont de forme plus ovales-elliptiques, aiguës au sommet avec une pointe fine terminale, rétrécies à la base et souvent auriculées ; leurs dents sont plus fines et plus aiguës; elles sont souvent blanchâtres-cotonneuses dans le jeune âge de la plante, mais elles deviennent à la fin vertes et seulement un peu aranéeuses. La souche est courte et la racine est assez forte et très-rameuse. Dans le *C. procumbens* les tiges sont plus épaissies inférieurement et garnies d'écailles pâles plus larges.

III. Plusieurs auteurs, Bentham entr'autres, dans son Catalogue des plant. Pyr. p. 68, et De Candolle, dans son Prodromus, v. 6, p. 583, rapportent en synonyme, très-affirmativement, le *C. corymbosa* Pourr. au *C. maculosa* Lam. Cependant, j'ai lieu de croire que ce rapprochement est erroné. Mon ami, M. Delort-Miahle de Narbonne, botaniste très-instruit, m'a communiqué de beaux exemplaires de la plante de Pourret, qu'il a recueillis dans la localité unique citée par cet auteur. Cette plante serait, selon lui, une espèce fort distincte du *C. maculosa* Lam., et il la considère comme étant vivace et même ligneuse. Mais, elle s'est montrée bisannuelle dans mon jardin, où je l'ai reproduite des graines de ses échantillons. Cette expérience aurait besoin d'être renouvelée. Quoi qu'il en soit du caractère de la durée, il est cer-

tain que le *C. corymbosa* Pourr. s'éloigne assez par d'autres caractères du *C. maculosa* Lam. pour être regardé comme une espèce suffisamment distincte, si non très-tranchée. Son *habitat* est
bien différent, car il croit dans les fentes des rochers calcaires
les plus escarpés, tandis que le *C. maculosa* habite les lisières et
les clairières des bois secs des collines ou le bord des champs et
des routes, surtout dans les terrains primitifs. Etant cultivé, tous
ses caractères se sont conservés intacts, à l'exception de la taille
qui est devenue plus élancée. En voici la description.

CENTAUREA CORYMBOSA POURR.

Pourret, Act. tol. 3, p. 310 et Chl. narbon.

Capitules solitaires et sessiles au sommet des rameaux qui sont
disposés en corymbe paniculé, irrégulier et très-ouvert. Involucre
souvent dépassé par les feuilles bractéales, ovale-arrondi, légèrement
rétréci vers sa base ; folioles lancéolées, nerveuses, toutes à découvert et un peu lâches à leur sommet ; à bordure scarieuse étroite
et pâle sur les côtés, formant au sommet un appendice ovale-
triangulaire, acuminé, cilié, à tache d'un brun noirâtre non décurrente ; cils bruns, subcartilagineux, assez fins, flexueux, dépassant
la largeur de l'appendice dont la pointe terminale est très-courte
inerme et bifurquée ; fleurs purpurines ; les extérieures stériles, plus
grandes, rayonnantes, presque à deux lèvres, à divisions linéaires.
Akènes d'un vert noirâtre, luisants, finement pubescents, oblongs,
comprimés, de forme assez égale, longs de 3 3/4 mill. sur 1 2/3 mill.
de large, surmontés d'une aigrette blanche qui égale leur longueur. Feuilles d'un vert pâle et un peu jaunâtre, souvent ara-
néeuses-blanchâtres à l'état jeune, toutes parsemées de très-petits
poils raides et un peu courbés ; les radicales bipinatipartites à
lobes linéaires ; les caulinaires et raméales pour la plupart pinnatipartites à lobes linéaires ou linéaires-lancéolées, acuminés au
sommet, souvent rétrécis à la base, étalés irrégulièrement ; les

raméales supérieures souvent presque entières et ordinairement
rapprochées au nombre de deux ou trois à la base même de
l'involucre. Tiges solitaires ou naissant plusieurs au collet de la
racine, dressées, fermes, épaissies vers la base, sillonnées et anguleuses, rudes, glabrescentes ou couvertes dans le bas d'un
duvet blanc cotonneux peu abondant, très-ramifiées et paniculées
environ dans le milieu ; rameaux étalés, inégaux, peu divisés,
sensiblement épaissis au sommet ; le terminal court, dépassé par
les autres. Racine épaisse, pivotante, bisannuelle ou vivace ?
Plante, spontanée, de 1 à 2 déc., cultivée, de 4 à 5 déc.

Il croît parmi les escarpements des rochers, à la Clape près
Narbonne, et fleurit en juin. Les involucres dépassent peu 1 cent.
en longueur et en largeur ; les folioles sont vertes, marquées de
5 nervures assez prononcées, mais très-peu visibles sur l'appendice dont la tache noire n'est pas décurrente sur les côtés ; les intérieures ont l'appendice très-scarieux, pâle, incisé-cilié.

Le *C. maculosa* Lam. diffère du *C. corymbosa* Pourr. principalement par la forme de ses involucres, qui sont toujours plus
arrondis à la base et dont les folioles sont plus ovales, plus appliquées, à appendice plus court, à tache noire un peu
décurrente, et à pointe terminale un peu plus prononcée ; ses
akènes presque de moitié plus petits, à aigrette égalant le tiers
ou à peine la moitié de leur longueur ; ses feuilles à lobes plus
étroits et plus acuminés, d'un vert moins jaunâtre ; ses tiges
plus élancées, ramifiées au-dessus du milieu, à panicule également en corymbe, mais à rameaux plus grêles, moins étalés, à
divisions et à fleurs plus nombreuses. Il est bisannuel et fleurit en
juillet. L'appendice est souvent d'un roux clair et n'offre pas de
tache noire, ce qui est cause qu'on le confond souvent avec le *paniculata* ; mais celui-ci est très-facile à reconnaître à ses involucres plus petits, de forme plus oblongue, un peu rétrécis et non
très-arrondis à la base ; ses folioles plus étroitement appliquées,
munies d'une bordure roussâtre bien plus étroite au sommet et

terminée par une pointe raide égale aux cils de la bordure qui
sont de moitié plus courts et plus raides ; son feuillage plus blanchâtre, à lobes plus larges et moins aigus. Sa panicule est très-
ample, à rameaux très-étalés divergents.

Le *C. Biebersteini* D. C. Pr. 6, p. 585, doit, à mon avis,
être rapporté en synonyme au *C. maculosa* Lam. Les échantillons
que j'ai pu examiner ne me paraissent différer de cette espèce
que par les lobes des feuilles un peu moins aigus.

Les *C. maculosa* Lam. et *paniculata* L. ont été longtemps
confondus dans les Flores du nord de la France et de l'Allemagne.
La première de ces deux espèces paraît très-répandue, tandis que
la seconde ne se trouve pas dans les provinces du nord ou, du
moins, y est fort rare. Le bassin méridional du Rhône et le bas-
Languedoc sont la vraie patrie de celle-ci ; et Lyon où elle très-
commune paraît être sa dernière limite au nord. Ayant à faire
connaître ici plusieurs espèces, qui pour la plupart n'ont pas encore été signalées et ont pu être confondues, soit avec le *C. maculosa*, soit avec le *C. paniculata*, je donnerai en même temps
la description de ces deux plantes.

CENTAUREA MACULOSA Lam.

Lamarck, Dict. enc. 1, p. 669.

Capitules solitaires et sessiles au sommet des rameaux qui sont
disposés en corymbe paniculé irrégulier et assez ouvert. Involucre ovale-arrondi, non rétréci à la base ; folioles ovales-lancéolées,
nerveuses, toutes à découvert et très-peu lâches à leur sommet ;
bordure scarieuse étroite sur les côtés, formant au sommet un
appendice triangulaire, acuminé, cilié, à tache d'un brun pâle ou
noirâtre un peu décurrente. Cils brunâtres, très-pâles à leur sommet, subcartilagineux, assez fins, très-flexueux, dépassant longuement la largeur de l'appendice dont la pointe terminale est
très-courte et inerme. Fleurs purpurines, les extérieures stériles,

plus grandes, rayonnantes, presque à deux lèvres, à divisions linéaires. Akènes d'un vert grisâtre, luisants, finement pubescents, oblongs, comprimés, assez rétrécis à la base, longs de 5
1/5 mill. sur 1 1/2 mill. de large, surmontés d'une aigrette blanche qui égale ou dépasse à peine le tiers de leur longueur. Feuilles
vertes, assez pâles, souvent blanchâtres-aranéeuses ou glabrescentes, un peu rudes; les radicales bipinatipartites à lobes linéaires,
les caulinaires et les raméales, pour la plupart, pinnatipartites à
lobes assez étalés, linéaires, acuminés et apiculés; les raméales
supérieures courtes et presque entières. Tige solitaire, dressée,
élancée, sillonnée et peu anguleuse, légèrement rude, glabrescente ou couverte, surtout dans le bas, d'un duvet cotonneux peu
abondant, ramifiée et paniculée vers le milieu et au-dessus; rameaux dressés-étalés, un peu effilés, à divisions souvent assez
nombreuses. Racine pivotante, bisannuelle. Plante de 5 à 6 déc.

Il paraît assez répandu dans les régions du centre et du nord
de la France. Je l'ai du puits de Crouël près Clermont, localité
indiquée par Lamarck, de Givors près Lyon et de beaucoup
d'autres localités. Il fleurit en juillet. Les involucres n'atteignent
pas 1 cent. en longueur et en largeur; les folioles offrent 5 nervures assez prononcées, dont celle du milieu est un peu plus saillante et visible sur l'appendice. Les lobes des feuilles sont longs
de 8-12 mill. ou souvent beaucoup plus courts.

Centaurea coerulescens Willd.

Willdenow, Sp. pl. 3, p. 3, p. 2319. — Lapeyrouse, Abr. pyr. p. 542.

Capitules solitaires et sessiles au sommet des rameaux dont
les supérieurs sont presque en corymbe. Involucre ovale-arrondi,
rarement un peu rétréci à la base; folioles ovales-lancéolées, cus-
pidées, à nervures peu marquées, toutes à découvert à leur sommet et très-appliquées; bordure scarieuse très-étroite sur les
côtés, formant au sommet un appendice ovale, cuspidé, cilié,

à tache d'un brun noirâtre peu ou point décurrente ; cils bruns, cartilagineux , peu ou point flexueux , dépassant longuement la largeur de l'appendice dont la pointe terminale est allongée, assez raide, un peu piquante et légèrement fléchie en dehors. Fleurs purpurines ; les extérieures stériles, plus grandes, rayonnantes. Akènes grisâtres, finement pubescents , oblongs, comprimés, un peu rétrécis inférieurement, longs de 3 4/5 mill. sur 1 1/2 mill. de large, surmontés d'une aigrette blanche qui égale le tiers de leur longueur. Feuilles vertes , souvent un peu blanchâtres-cotonneuses ou glabrescentes , très-rudes , les radicales bipinnatipartites à lobes linéaires-lancéolés, étalés ; les caulinaires et raméales inférieures pinnatipartites à lobes linéaires ou linéaires-lancéolés, aigus et apiculés ; les raméales supérieures courtes , presque entières. Tige dressée , sillonnée et peu anguleuse, rude , glabrescente ou un peu cotonneuse, ramifiée et paniculée vers le milieu de sa hauteur ; rameaux dressés-étalés , fermes , à divisions plus ou moins nombreuses, assez courtes. Racine pivotante, bisannuelle. Plante de 3 à 5 déc.

Il croît aux environs de Collioure et de Bagnols (Pyrénées-Orientales), et dans plusieurs localités voisines. Il fleurit en juin. Les involucres égalent à peine 1 cent. en longueur et un peu moins en largeur ; les folioles sont d'un vert jaunâtre ou un peu rousses , plus appliquées et à nervure beaucoup moins visible que dans la *C. corymbosa* et *maculosa* ; les cils sont entièrement bruns , plus cartilagineux et plus raides, tous longuement dépassés par la pointe terminale qui est un peu piquante, et non tout-à-fait inerme. Les akènes sont plus allongés que dans le *maculosa*, à aigrette beaucoup plus courte que dans le *corymbosa*. Les feuilles sont découpées en lobes généralement plus larges que dans le premier et moins allongés que le second. Les rameaux de la panicule sont aussi plus raides que dans ces deux espèces et à divisions plus courtes.

Centaurea leucophæa (N.).

Capitules solitaires et sessiles au sommet des rameaux dont les supérieurs sont presque en corymbe. Involucre ovale-arrondi, non rétréci à la base; folioles ovales-lancéolés, à nervures peu marquées, toutes à découvert à leur sommet et très-appliquées; bordure scarieuse très-étroite sur les côtés, formant au sommet un appendice court, ovale-triangulaire légèrement cuspidé, cilié, à tâche d'un brun roussâtre ou très-pâle et peu décurrente; cils roussâtres, assez fins, subcartilagineux, flexueux, dépassant longuement la largeur de l'appendice dont la pointe terminale est très-courte, dressée et un peu raide. Fleurs d'un pourpre clair; les extérieures stériles, plus grandes et rayonnantes. Akènes d'un gris un peu verdâtre, finement pubescents, oblongs, comprimés, de forme un peu inégale, rétrécis inférieurement, long de 3 1/2 mill. sur 1 1/3 mill. de large, surmontés d'une aigrette blanche qui dépasse un peu le tiers de leur longueur. Feuilles d'un vert cendré, ou blanchâtres-cotonneuses, rarement glabrescentes, peu rudes, les radicales pinnatipartites à lobes souvent divisés, étalés, assez larges, oblongs ou elliptiques-lancéolés, les caulinaires pinnatipartites à lobes oblongs, apiculés, rarement linéaires; les raméales pour la plupart entières ou dentées à base, oblongues, peu aiguës, ordinairement rapprochés au nombre de deux trois à la base de l'involucre en forme de bractées. Tige dressée, sillonnée et anguleuse, souvent cotonneuse, un peu rude, ramifiée et paniculée environ à partir du milieu; rameaux étalés, assez fermes, à divisions allongées et peu nombreuses, Racine pivotante, bisannuelle. Plante de 3 à 5 déc.

Il est assez commun dans les régions montagneuses du Dauphiné et de la Provence. Je l'ai observé notamment aux environs de Briançon, Guillestre, Gap, Serres, Sisteron, Castellane. Il fleurit en juillet et août. Les involucres atteignent rarement au-delà de 7-10 mill. en longueur et en largeur; les folioles sont d'un vert clair, presque toujours roussâtres au sommet ainsi que les cils; les intérieures ont les nervures plus marquées et l'appendice très-scarieux, pâle, à peine incisé. Les akènes présentent des nervures peu visibles. Cette espèce est fort distincte du *C. cœrulescens* Willd. par tout son aspect ainsi que par la teinte du feuillage et des involucres. L'appendice des folioles est bien plus court, à cils plus fins et plus mous, à pointe beaucoup plus courte; les divisions des rameaux sont plus allongés. Elle s'éloigne complètement des *C. maculosa* Lam. et *corymbosa* Pourr. par ses feuilles plus blanches, moins découpées, à lobes beaucoup plus larges, la plupart un peu obtus et brièvement apiculés. Les folioles de l'involucre sont plus appliquées, à nervures moins saillantes, à appendice plus court bordé de cils moins rapprochés et terminé par une pointe raide, dressée, très-manifeste. Le *C. aplolepis* Morett. diffère par ses involucres plus petits, à folioles sans nervures, presque dépourvues d'appendice et munies de cils très-courts; ses rameaux moins étalés, à feuilles bien plus rapprochées. Il est vivace. Le *C. abrotanifolia* Lam. est très-distinct par ses feuilles à lobes allongés, obtus, de consistance épaisse, presque coriaces. Le *C. cinerea* Lam. a les rameaux moins étalés plus divisés, munis de feuilles presque toutes pinnatifides à lobes obtus, et la racine vivace. Le *C. paniculata* L., dont la description suit, en est plus rapproché que tout autre.

Centaurea paniculata L.

Linné, Sp. pl. p. 1289. — Gouan, Fl. monsp. p. 459. — Lamarck, Dict. enc. 1, p. 669 (excl. var. a).

Capitules solitaires et sessiles au sommet des rameaux qui sont disposés en panicule ample, divergente, à divisions très-nombreuses. Involucre glabre, un peu aranéeux, ovale-oblong, un peu rétréci à la base; folioles ovales-lancéolées, à nervures assez

5

marquées, toutes à découvert à leur sommet et très-appliquées
bordure scarieuse très-étroite sur les côtés, formant au somme
un appendice très-court, ovale-triangulaire brièvement cuspidé
cilié, à tache brune ou rousse assez décurrente; cils d'un rou
pâle, subcartilagineux, peu flexueux, courts, mais dépassant la
largeur de l'appendice dont la pointe terminale est courte, ferme
raide, dressée, un peu saillante au-dessus des cils, non fléchie e
dehors. Fleurs purpurines; les extérieures plus grandes, stériles
rayonnantes. Akènes d'un vert noirâtre, luisants, finement pu
bescents, oblongs-subobovés, comprimés, longs de 2 2/3 mill
sur 1 1/3 mill. de large, surmontés d'une aigrette blanche qu
égale à peine le tiers de leur longueur. Feuilles vertes ou blan
châtres, souvent cotonneuses-aranéeuses, assez rudes; les radica
les et les caulinaires inférieures bipinnatipartites à lobes oblong
ou linéaires-elliptiques, aigus et mucronulés, étalés; les caulinai
res moyennes et supérieures pinnatipartites à lobes linéaires
aigus; les raméales supérieures pinnatifides à la base ou presque
entières, courtes, oblongues ou linéaires, aiguës, plus ou moins
rapprochées de l'involucre en forme de bractées. Une ou plu
sieurs tiges naissant du collet de la racine, dressées, fermes
élancées, sillonnées et un peu anguleuses vers le haut, coton
neuses, rudes, très-ramifiées et paniculées dès le milieu o
parfois dès la base; rameaux effilés, assez grêles, très-divisés
étalés-divergents surtout les inférieurs, formant au sommet ur
corymbe irrégulier très-ouvert dont les fleurs sont assez distan
tes. Racine bisannuelle ou trisannuelle, pivotante, très-allongée
peu rameuse. Plante de 4 à 8 déc.

Il croît dans les lieux secs et incultes des terrains calcaires ou
sablonneux, depuis Lyon où il est très-commun jusque dans la
région méditerranéenne, à Avignon, Montpellier, Narbonne, etc.
Il fleurit en juillet. Les involucres ont environ 8 mill. de long
sur 4-6 mill. de large. Les folioles sont d'un vert clair ou un peu
jaunâtres, toujours d'un brun roux au sommet comme dans la

précédente espèce ; les intérieures sont allongées, à 5 nervures prononcées, à appendice roux très-scarieux inerme et peu incisé. Les akènes offrent des nervures longitudinales peu marquées.

Cette espèce est fort voisine du *C. leucophœa*, mais bien distincte de celles qui précédent. Elle diffère du *leucophœa* par ses involucres plus petits, de forme plus oblongue, toujours un peu rétrécis et non très-arrondis à la base ; ses folioles à appendice plus court et à cils plus cartilagineux, plus courts, peu ou point flexueux, un peu dépassés par la pointe terminale qui est très-semblable dressée ou rarement un peu inclinée en dehors ; ses akènes notablement plus courts et aussi larges, à aigrette un peu moins longue ; ses feuilles généralement plus nombreuses, plus découpées, à lobes plus aigus et moins larges ; sa panicule très-ample et divergente, dont les rameaux sont effilés flexueux à divisions bien plus nombreuses et plus courtes.

Linné, sous le nom de *C. paniculata* a compris évidemment plusieurs espèces ; mais il cite en premier lieu Gouan et Sauvage parmi ces synonymes, ce qui prouve qu'il a eu surtout en vue la plante du Bas-Languedoc. Lamarck, dans le Dictionn. Enc. 1, p. 669, donne pour patrie à son *C. paniculata* l'Espagne, et lui rapporte en variété une plante du midi de la France, très-rameuse et à folioles de l'involucre brunes ou rousses à leur sommet, qui est évidemment l'espèce que je viens de décrire. Cette plante d'Espagne, dont Lamarck a fait le type de son *C. paniculata*, est très-probablement la même que le *C. castellana* Boiss. et Reut. Diagn., n. 6, p. 129, qui est le *C. paniculata* de tous les auteurs espagnols et qui a les involucres très-oblongs, à folioles pâles, et non rousses telles que les décrit Lamarck.

CENTAUREA POLYCEPHALA (N).

Capitules solitaires, sessiles, souvent rapprochés et subfasciculés au sommet des rameaux, qui sont disposés en corymbe pani-

culé très-divergent et à divisions supérieures très-courtes. Involu
cre aranéeux, à la fin glabre, petit, oblong, rétréci à la base
folioles lancéolées, à nervures peu marquées, toutes à découver
à leur sommet et très-appliquées; bordure scarieuse formant a
sommet un appendice peu scarieux, lancéolé, cuspidé, cilié,
tâche roussâtre un peu décurrente sur les côtés; cils d'un rou
très-pâle, flexueux, fins, très-courts et dépassant à peine la lar
geur de l'appendice dont la pointe terminale est assez fine, allon
gée, saillante, fléchie en dehors. Fleurs purpurines; les extérieure
plus grandes, stériles, rayonnantes. Akènes d'un gris verdâtre
un peu luisants, finement pubescents, oblongs, étroits, compri
primés, de forme très-égale, longs de 3 1/3 mill. sur 1 mill. d
large, surmontés d'une aigrette blanche qui est presque égal
à la moitié de leur longueur. Feuilles de couleur cendrée o
blanchâtre, peu cotonneuses, rudes; les radicales bipinnatiparti
tes à lobes linéaires ou linéaires-lancéolés, dressés ou étalés, u
peu courbés en faux, aigus et subapiculés; les caulinaires et ra
méales inférieures pinnatipartites à lobes linéaires, assez court
et un peu aigus; les raméales supérieures dentées à la base o
entières, courtes, linéaires, étroites, souvent très-rapprochées d
l'involucre en forme de bractées. Tiges solitaires ou naissant a
nombre de deux ou trois du collet de la racine, dressées, assez grê
les, un peu flexueuses, sillonnées et anguleuses, munies d'u
duvet cotonneux épars, rudes, ramifiées et paniculées au-dessu
du milieu; rameaux assez grêles, courts, divergents, à division
courtes mais assez étalées. Racine bisannuelle ou trisannuelle
pivotante, peu rameuse. Plante de 3 à 5 déc.

Il est assez répandu dans la Provence méridionale. Je l'ai ob
servé surtout aux environs de Toulon et d'Hyères, où il est com
mun dans tous les lieux secs et incultes. Il fleurit en juillet. Le
involucres sont longs de 6-8 mill. environ sur 3-4 mill. de large
Les folioles sont d'un vert pâle ou tout-à-fait rousses à la maturité
avec l'appendice d'un roux plus foncé; les intérieures sont mar

quées de nervures plus visibles, et leur appendice est très-scarieux inerme à peine incisé aux bords.

Il diffère du *C. paniculata* par des caractères assez tranchés. Les involucres sont plus petits et plus oblongs, à folioles plus étroites, moins nerveuses, terminées par un appendice plus étroit et plus longuement cuspidé dont les cils sont beaucoup plus fins, plus flexueux, encore plus courts et dont la pointe terminale est assez fine, allongée, bien moins raide et manifestement fléchie en dehors. Les akènes sont très-différents, étant de forme plus égale, plus étroits, plus allongés, et pourvus d'une aigrette un peu plus longue. Les feuilles sont découpées en lobes plus étroits et sont moins nombreuses sur la tige. La tige est généralement plus basse et plus grêle, moins raide; les rameaux sont beaucoup moins effilés, à divisions supérieures plus courtes que les involucres et et non beaucoup plus longues.

Centaurea rigidula (N.), pl. 4, fig. A, 1 à 6.

Capitules sessiles, agrégés au nombre de 2-3 au sommet des rameaux dont les supérieurs sont presque en corymbe. Involucre aranéeux, à la fin glabre, très-petit, ovale-oblong, arrondi à la base; folioles ovales-oblongues, à nervures peu marquées, toutes à découvert à leur sommet et très-appliquées; appendice peu scarieux, court, étroitement lancéolé, cuspidé, cilié, à tache d'un brun roux un peu décurrente; cils roux, flexueux, assez fins, courts, mais dépassant longuement la largeur de l'appendice dont la pointe est allongée, raide, un peu piquante, saillante, dressée, peu ou point fléchie en dehors. Fleurs purpurines; les extérieures stériles, presque égales aux autres. Akènes d'un gris verdâtre, finement pubescents, oblongs, comprimés, un peu rétrécis à la base, longs de 3 1/4 mill. sur 1 1/4 mill. de large, surmontés d'une aigrette blanche qui égale le tiers de leur longueur. Feuilles vertes, cotonneuses-aranéeuses ou glabrescentes, rudes, toutes à lobes étroitement linéaires, allongés, aigus, étalés ; les radicales et caulinaires pinnatipartites ; les raméales supérieures pinnatifides ou dentées à la base, très-rapprochées de l'involucre en forme de bractées. Tiges assez nombreuses, dressées, un peu raides, assez finement sillonnées, un peu anguleuses vers le haut, paniculées dès leur milieu ; rameaux dressés-étalés, assez fermes, peu feuillés, presque simples, à divisions terminales très-courtes et très-rapprochées. Racine paraissant vivace. Plante de 2 à 3 déc.

Il croît aux environs d'Avignon d'où je l'ai reçu. Les involucres sont longs de 6-8 mill. sur 4 mill. de large. Les folioles sont un peu roussâtres ; les supérieurs ont l'appendice très-scarieux inerme et peu incisé.

Cette espèce, qui paraît peu commune, est très-distincte du *C. paniculata* et des autres espèces qui précèdent. Elle se rapproche davantage du *C. polycephala*, dont elle diffère par ses capitules plus évidemment agrégés, rapprochés et non étalés, très-arrondis et non rétrécis à la base, à folioles munies d'un appendice plus étroit dont la pointe est bien plus raide et moins fléchie en dehors, dont les cils sont plus longs et moins ténus ; ses fleurs stériles presque égales aux autres ; ses akènes plus gros, de forme moins égale ; ses feuilles à lobes plus étroits et plus allongés, ses tiges plus basses et plus raides à rameaux peu feuillés, très-peu divisés, tous dressés-étalés et nullement divariqués. Sa racine paraît vivace et multicaule.

CENTAUREA HANRII (N.), pl, 4, fig. B, 1 à 6.

Capitules solitaires et sessiles au sommet des rameaux dont les supérieurs sont rapprochés en corymbe. Involucre peu aranéeux, glabre, ovale, très-légèrement rétréci vers sa base ; folioles ovales-oblongues, à nervures peu saillantes, toutes à découvert et un peu lâches à leur sommet ; bordure scarieuse formant au sommet un appendice ovale-triangulaire, cuspidé, cilié, à tache noire le recouvrant entièrement et décurrente sur les côtés. Cils noirâtres, peu cartilagineux, aplanis, un peu flexueux et fléchis en dehors, dépassant la largeur de l'appendice dont la pointe terminale est très-allongée, inerme et courbée en dehors. Fleurs d'un pourpre très-foncé ; les extérieures stériles, plus grandes, rayonnantes. Akènes grisâtres, finement pubescents, oblongs, de forme assez égale, comprimés, longs de 2 3/4 mill. sur 1 1/5 mill. de large, surmontés d'une aigrette qui égale la moitié de leur longueur. Feuilles de couleur cendrée, souvent blanchâtres-aranéeuses, très-rudes-sétuleuses, toutes pinnatipartites à lobes linéaires ou linéaires-oblongs, un peu rétrécis à la base, un peu aigus et mucronulés, étalés ; les radicales et caulinaires inférieures longuement pétiolées, à lobes entiers ou pinnatifides ; les raméales à lobes très-peu nombreux ; la terminale presque entière, située à la base de l'involucre en forme de bractée. Tiges assez nombreuses, grêles, très-flexueuses, dressées, souvent ascendantes à la base, finement sillonnées, anguleuses vers le haut, peu cotonneuses, très-rudes, ramifiées à partir du milieu ou au-dessus ; rameaux dressés-étalés, flexueux, peu feuillés, ordinairement simples et uniflores ; tous décroissants en longueur depuis l'inférieur jusqu'au terminal ; les supérieurs rapprochés et de niveau. Souche vivace, peu épaisse, s'allongeant à sa partie supérieure et paraissant le prolongement de la racine qui est noirâtre, pivotante, très-simple ou un peu ramifiée vers l'extrémité. Plante de 1 à 2 déc.

Cette espèce remarquable m'a été communiquée par M. Hanri du Luc, botaniste très-zélé, auquel je suis redevable de plusieurs plantes rares. Elle a été découverte par lui à la Sainte-Beaume près Toulon (Var). Elle fleurit en juillet. Les involucres sont longs de 8-10 mill. sur 6 mill. de large ; ils ont assez de ressemblance par leur forme avec ceux du *C. corymbosa* Pourr., quoique beaucoup plus petits ; les folioles sont d'un vert roussâtre et souvent très-rembrunies-violacées ; leurs nervures sont plus prononcées dans les intérieures dont l'appendice est scarieux-brunâtre et à pointe courte mais toujours assez saillante. Les lobes des feuilles sont de 5-12 mill. sur 2-3 mill. de large, quelquefois linéaires-subspatulés, à surface toute parsemée de petits poils raides élargis à la base et un peu courbés.

Le *C. Hanrii* est très-distinct des espèces qui précèdent par ses folioles de l'involucre très-rembrunies, dont l'appendice scarieux est noir, plus développé, plus décurrent sur les côtés, de consistance plus mince, à pointe terminale très-fine inerme allongée et courbée en dehors. Ses fleurs d'un pourpre vif, ses tiges grêles et flexueuses, à rameaux simples et rapprochés au sommet en corymbe régulier, lui donnent un aspect bien tranché.

Les *C. Parlatorii* Heldr., *laciniata* Guss., *ambigua* Guss., *dissecta* Ten., dont la racine est vivace, sont assez voisins des espèces que je viens de décrire, mais également très-bien caractérisés.

J'ignore ce que peut être le *C. maculosa* var. *b. nana* Duby, Bot. Gall., qui est indiqué à Marseille. Il me paraît fort douteux que le *C. maculosa* Lam. croisse à Marseille; et cette variété appartient peut-être au *C. corymbosa* Pourr. ou à quelque autre espèce distincte; car, il est probable que les huit espèces dont je viens de donner la description ne sont pas les seules de ce groupe qui existent dans les provinces méridionales de la France, et de nouvelles recherches ainsi qu'une étude attentive en feront sans doute découvrir d'autres.

Explication de la troisième planche.

Fig. A. Centaurea lugdunensis (N.).

1. La plante entière de grandeur naturelle.
2, 3 et 4. Folioles de l'involucre.
5. Cil de la bordure scarieuse grossi.
6. Fleur du centre grossie.
7. Fleur de la circonférence grossie.

8. Akène surmonté de son aigrette.
9. Le même grossi.
10. Poils de l'aigrette grossis.
11. Feuille radicale.
12. Feuille caulinaire moyenne d'un individu cultivé.

Fig. B. Centaurea semi-decurrens (N.).

1. Fragment fleuri de la plante de grandeur naturelle.
2, 3 et 4. Folioles de l'involucre.
5. Cil de la bordure scarieuse grossi.
6. Akène surmonté de son aigrette.
7. Le même grossi.
8. Feuille radicale.

Fig. C. Centaurea montana L.

1. Fragment fleuri de la plante de grandeur naturelle.
2, 3 et 4. Folioles de l'involucre.
5. Cil de la bordure scarieuse grossi.
6. Akène surmonté de son aigrette.
7. Le même grossi.
8. Feuille caulinaire moyenne d'un individu cultivé.
9. Rhizôme souterrain terminé par des feuilles naissantes.

Explication de la quatrième planche.

Fig. A. Centaurea rigidula (N.).

1. La plante entière de grandeur naturelle.
2. Capitule avant l'épanouissement des fleurs.
3, 4 et 5. Folioles de l'involucre grossies.
6. Akène surmonté de son aigrette grossi.

Fig. B. Centaurea Hanrii (N.).

1 à 6. Les mêmes organes qu'aux numéros correspondants de la fig. A.

Fig. C. Centaurea corymbosa Pourr.

1. Capitule avant l'épanouisssment des fleurs.
2. Foliole de l'involucre grossie.
3. Akène surmonté de son aigrette grossi.

Fig. D. Centaurea maculosa Lam.

1 à 3. Les mêmes organes qu'aux numéros correspondants de la fig. C.

Fig. E. Centaurea coerulescens Willd.

1 à 3. Les mêmes organes qu'aux numéros correspondants de la fig. C.

Fig. F. Centaurea leucophæa (N.).

1 à 3. Les mêmes organes qu'aux numéros correspondants de la fig. C

Fig. G. Centaurea paniculata L.

1 à 3. Les mêmes organes qu'aux numéros correspondants de la fig. C.

Fig. H. Centaurea polycephala (N.).

1 à 3. Les mêmes organes qu'aux numéros correspondants de la fig. C.

GENRE SONCHUS.

Sonchus glaucescens (N.), pl. 5, 1 à 11.

Capitules disposés en ombelle très-irrégulière au sommet des rameaux. Pédoncules souvent munis d'une ou de deux feuilles bractéales, légèrement épaissis au sommet, tous parsemés ainsi que la partie supérieure des rameaux de poils raides, étalés horizontalement, dilatés à la base, rougeâtres et non glanduleux au sommet, égalant ou dépassant leur diamètre. Involucre ovale à folioles appliquées, linéaires-lancéolées, peu aiguës, carènées sur le dos; les extérieures parfois munies à la base d'un duvet blanc, pourvues sur la carène d'aiguillons épars lancéolés-acuminés comprimés. Fleurs d'un jaune vif, dépassant l'involucre de près de la moitié de sa longueur; celles de la circonférence violacées en dehors avec une bordure jaune. Akènes d'un brun foncé, obovés-oblongs, rétrécis au sommet, munis d'une bordure assez large aplanie et finement denticulée, à faces lisses pourvues de trois côtes longitudinales écartées; aigrette blanche formée de poils un peu inégaux en grosseur, tous très-mous ou très-fins. Feuilles un peu glauques, un peu épaisses, très-rigides, profondément roncinées-pinnatifides à lobes n'atteignant pas la côte médiane, relevés en dessus, larges, ovales, souvent un peu acuminés, tous sinués et bordés de dents inégales raides spinuliformes élargies à la base; les feuilles radicales oblongues, rétrécies inférieurement, un peu acuminées au sommet; les caulinaires dressées-étalées, arquées en dehors, lancéolées, très-acuminées au sommet, un peu élargies à la base et embrassant la tige par deux oreilles inégales arrondies descendantes et à bords postérieurs non rapprochés. Tige dressée, fistuleuse, assez épaisse, à rameaux dressés-étalés , inégaux , souvent très-hispides. Racine bisannuelle , pivotante, allongée, peu rameuse. Plante de 4 à 5 déc.

Il croît sur les rochers maritimes, aux îles d'Hyères, à Portquerolle, et à Ste-Marguerite près Toulon. Je l'ai récolté dans ces localités où il fleurit en mai. Les capitules sont le plus souvent au nombre de 4-7; leur diamètre pendant l'anthèse égalent environ 4 ou 5 cent. Les folioles intérieures de l'involucre sont assez obtuses. Les anthères sont d'un beau jaune avec l'extrémité peu noirâtre ; les akènes sont munis aux bords de dents fines dirigées en bas. Toute la plante est glaucescente et à feuillage très-rigide. Lorsqu'on coupe la tige, le suc en devient noir aussitôt.

Cette espèce est voisine des S. *asper* Vill. et *oleraceus* L., mais elle en est certainement plus distincte qu'elle ne le sont l'une de l'autre. L'ayant reproduite de graines , elle s'est montrée constamment bisannuelle , ne donnant ses fleurs que la seconde année du semis; tandis que les S. *asper* et *oleraceus* croissent avec une rapidité extraordinaire , et acquièrent tout leur développement en quelques semaines, de manière à donner plusieurs générations dans une seule année. Le S. *asper*, quoique souvent épineux, a le feuillage beaucoup moins rigide , moins glauque et d'un aspect très-différent. Les oreilles des feuilles caulinaires sont plus larges, très-appliquées contre la tige et à bords postérieurs très-rapprochés. Ses fleurs sont d'un jaune fort pâle et de moitié plus petites. Ses akènes sont bien plus étroitement marginés et à bordure à peine denticulée. Le S. *oleraceus* est très-distinct du S. *glaucescens* par ses feuilles molles et ses akènes striés transversalement, dont la bordure est nulle. Ses fleurs sont un peu plus grandes et moins pâles que dans l'*asper*; mais elles sont rarement un peu violacées à l'extérieur. Les folioles de l'involucre sont quelquefois, comme dans l'*asper* , parsemées de poils raides , tout-à-fait linéaires, non élargis à la base et terminés par une glande sphérique.

Le *S. nymanni* Tin. et Guss. Syn. fl. Sic. add. p. 860, s'éloigne du *S. glaucescens* par ses akènes munis de 5 côtes sur chaque face et surtout par sa racine qui, selon Gussone, est vivace et très-rampante.

Explication de la cinquième planche.

SONCHUS GLAUCESCENS (N.).

1. Fragment de la plante en fleur de grandeur naturelle.
2, 3 et 4. Folioles de l'involucre.
5. Aiguillon des folioles grossi.
6. Capitule défloré.
7. Fleur complète.
8. La même grossie.
9. Akène surmonté de son aigrette.
10. Le même grossi, sans aigrette.
11. Feuille radicale.